세상에서 가장 쉬운 과학 수업

우주팽창이론

세상에서 가장 쉬운 과학 수업

우주팽창이론

ⓒ 정완상, 2025

초판 1쇄 인쇄 2025년 7월 7일
초판 1쇄 발행 2025년 7월 15일

지은이 정완상
펴낸이 이성림
펴낸곳 성림북스

책임편집 노은정
디자인 쏘울기획

출판등록 2014년 9월 3일 제25100-2014-000054호
주소 서울시 은평구 연서로3길 12-8, 502
대표전화 02-356-5762
팩스 02-356-5769
이메일 sunglimonebooks@naver.com

ISBN 979-11-93357-71-2   03400

노벨상 수상자들의 **오리지널 논문으로 배우는 과학**

세상에서 가장 쉬운 과학 수업

우주팽창 이론

정완상 지음

프리드만-르메르트 방정식에서 피블스의 물리 우주론까지
수학과 관측으로 밝혀낸 우주의 역사, 그리고 미래

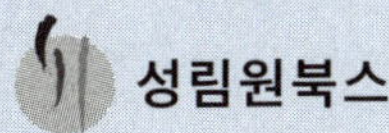

성림원북스

CONTENTS

첫 번째 만남

우주는 어떻게 상상되었는가 / 025

두 번째 만남
우주의 문을 연 선구자들 / 071

세 번째 만남
행성과 은하의 발견 / 95

과학을 처음 공부할 때 이런 책이 있었다면 얼마나 좋았을까

남순건(경희대학교 이과대학 물리학과 교수 및 전 부총장)

21세기를 20여 년 지낸 이 시점에서 세상은 또 엄청난 변화를 맞이하리라는 생각이 듭니다. 100년 전 찾아왔던 양자역학은 반도체, 레이저 등을 위시하여 나노의 세계를 인간이 이해하도록 하였고, 120년 전 아인슈타인에 의해 밝혀진 시간과 공간의 원리인 상대성이론은 이 광대한 우주가 어떤 모습으로 만들어져 왔고 앞으로 어떻게 진화할 것인가를 알게 해주었습니다. 게다가 우리가 사용하는 모든 에너지의 근원인 태양에너지를 핵융합을 통해 지구상에서 구현하려는 노력도 상대론에서 나오는 그 유명한 질량−에너지 공식이 있기에 조만간 성과가 있을 것이라 기대하게 되었습니다.

앞으로 올 22세기에는 어떤 세상이 펼쳐질지 매우 궁금합니다. 특히 인공지능의 한계가 과연 무엇일지, 또한 생로병사와 관련된 생명의 신비가 밝혀져 인간 사회를 어떻게 바꿀지, 우주에서는 어떤 신비로움이 기다리고 있는지, 우리는 불확실성이 가득한 미래를 향해 달려가고 있습니다. 이러한 불확실한 미래를 들여다보는 유리구슬 역할을 하는 것이 바로 과학적 원리들입니다.

　지난 백여 년간 과학에서의 엄청난 발전들은 세상의 원리를 꿰뚫어보았던 과학자들의 통찰을 통해 우리에게 알려졌습니다. 이런 과학 발전을 가능하게 한 영웅들의 생생한 숨결을 직접 느끼려면 그들이 썼던 논문들을 경험해보는 것이 좋습니다. 그런데 어느 순간 일반인과 과학을 배우는 학생들은 물론, 그 분야에서 연구를 하는 과학자들마저 이런 숨결을 직접 경험하지 못하고 이를 소화해서 정리해놓은 교과서나 서적들을 통해서만 접하고 있습니다. 창의적인 생각의 흐름을 직접 접하는 것은 그런 생각을 했던 과학자들의 어깨 위에서 더 멀리 바라보고 새로운 발견을 하고자 하는 사람들에게 매우 중요합니다.

　저자인 정완상 교수가 새로운 시도로써 이러한 숨결을 우리에게 전해주려 한다고 하여 그의 30년 지기인 저는 매우 기뻤습니다. 그는 대학원생 때부터 당시 혁명기를 지나면서 폭발적인 발전을 하고 있던 끈 이론을 위시한 이론물리학 분야에서 가장 많은 논문을 썼던 사람입니다. 그리고 그러한 에너지가 일반인들과 과학도들을 위한 그의 수많은 서적을 통해 이미 잘 알려져 있습니다. 저자는 이번에 아주 새로운 시도를 하고 있고 이는 어쩌면 우리에게 꼭 필요했던 것일 수 있습니다. 대화체로 과학의 역사와 배경을 매우 재미있게 설명하고, 그 배경 뒤에 나왔던 과학 영웅들의 오리지널 논문들을 풀어간 것입니다. 과학사를 들려주는 책들은 많이 있으나 이처럼 일반인과 과학도의 입장에서 질문하고 이해하는 생각의 흐름을 따라 설명한 책은 없습니다. 게다가 이런 준비를 마친 후에 아인슈타인 같은 영웅들의 논문을 원래의 방식과 표기를 통해 설명하는 부분은 오랫동안 과학을 연구해온 과학자에게도 도움을 줍니다.

이 책을 읽는 독자들은 복 받은 분들일 것이 분명합니다. 제가 과학을 처음 공부할 때 이런 책이 있었다면 얼마나 좋았을까 하는 생각이 듭니다. 정완상 교수는 이제 새로운 형태의 시리즈를 시작하고 있습니다. 독보적인 필력과 독자에게 다가가는 그의 친밀성이 이 시리즈를 통해 재미있고 유익한 과학으로 전해지길 바랍니다. 그리하여 과학을 멀리하는 21세기의 한국인들에게 과학에 대한 붐이 일기를 기대합니다. 22세기를 준비해야 하는 우리에게는 이런 붐이 꼭 있어야 하기 때문입니다.

'교양'을 넘어 '사고의 습관'을 바꾸는 과학서

박동규(세종과학예술영재학교 물리학 교사)

중국의 고전 『서경(書經)』에 '효학반(斅學半)'이라는 말이 있습니다. 직역하면 가르치는 것이 배우는 것의 반을 차지한다는 뜻으로써, 남을 가르치는 과정에서 자신에게 배움이 일어난다는 의미입니다. 교사나 교수, 운동 코치 등 남을 가르치는 일을 하시는 분들은 누구나 경험적으로 공감할 수 있는 얘기일 것입니다. 저 또한 학생들에게 의미 있는 수업을 하기 위해서 수많은 전공 서적과 교양서적을 읽다 보면, 예전에 안다고 생각했던 것들의 의미를 새롭게 깨닫는 경우가 많습니다.

하지만 한 가지 아쉬운 점은 이러한 지적 희열의 대부분을 외국의 전공 및 교양서적으로부터 얻었다는 것입니다. 예를 들어, 특수 상대론에 관한 독창적인 관점으로 미국에서는 이미 1960년대부터 널리 알려진 『Spacetime Physics』라는 책은 우리나라에서는 2019년에야 초판의 번역본이 나왔으며, 일본의 저명한 과학자들이 일반 독자를 대상으로 저술한 '블루백스(Blue Backs)' 시리즈는 1950년대부터 지금까지 과학 지식의 대중화에 크게 기여하고 있지만 아직 우리나라에서 그 정도의 전통과 전문성을 가진 교양 과학 서적을 찾아보기는 쉽지 않았습니다.

항상 이러한 목마름이 있던 중 정완상 교수님의 책을 접하게 되었습니다. 이 책은 고대부터 현대까지 우주에 대한 여러 인물의 사상적 흐름과 맥락이 잘 정리되어 있을 뿐만 아니라, 인물에 관한 일화와 그의 사고 과정까지 상세하게 서술되어 있어서 등장인물 한 명, 한 명의 고민에 깊이 공감하는 몰입감을 느낄 수 있습니다. 그리고 올베르스의 역설이 어떤 의문에서 시작되어 어떤 과정을 거쳐서 해결되었는지, 우주배경복사를 관찰하는 것이 어떤 물리학적 의미가 있는지 등 일반적인 서적에서는 한두 문단으로 간단히 결론 내어 피상적으로만 알고 있던 내용에 대해 깊이 있게 이해할 수 있습니다.

그리고 저자께서 어떤 개념을 설명하실 때 정성적 방식과 정량적 방식이 적절하게 조화된 것도 인상적입니다. 어떤 개념을 설명할 때 정성적으로만 접근하면 처음에 받아들이기는 쉬우나 오개념이 생길 수 있고, 정량적으로만 접근하면 오해의 소지가 없이 명쾌하나 물리학적 의미를 놓칠 수 있습니다. 많은 교양 과학 서적이 일반인을 대상으로 하므로 수학을 최대한 쓰지 않고 정성적인 설명에만 집중하는 경우가 많아 아쉬움이 있었는데, 이 책은 두 가지 방식을 적절히 조화시켜 개념에 대한 이해를 한층 끌어올립니다.

마지막으로 제가 이 책을 추천하고 싶은 결정적인 이유는 실제 물리학자의 논문을 기반으로 서술되었다는 점입니다. 요즘과 같이 소셜 미디어나 생성형 인공지능 등의 디지털 기반 플랫폼으로부터 쏟아지는 검증되지 않은 정보가 수많은 오개념과 확증 편향을 생산하는 상황에서, 독자들이 논문이라는 타당한 근거로부터 정보를 얻어내는 경

 세상에서 가장 쉬운 과학 수업 우주팽창이론

힘을 해보는 것은 매우 의미 있다고 생각합니다. 더 나아가 이 책을 읽는 경험을 통해 외부로부터 주어지는 정보나 자기 생각을 비판적으로 검토할 수 있는 역량을 갖출 수 있을 것입니다. 그러므로 이 책은 단순히 물리학에 관한 지식만 제공하는 것이 아니라 공부하는 방법이나 사고하는 습관까지 배울 수 있는 좋은 책이라고 생각합니다.

예전에 제가 과학사 수업을 준비할 때 국내외 서적과 논문을 공부하면서 가졌던 궁금증의 많은 부분을 이 한 권의 책을 통해 해소할 수 있었고, 이는 저자께서 집필을 위해 얼마나 많은 자료 조사를 하셨을지 짐작되는 대목이었습니다. 물리학 교사인 제 입장에서는 이 책이 진작 나왔으면 더 풍성한 과학사 수업을 할 수 있었을 것이라는 아쉬움과 이제라도 나왔으니 많은 선생님께 도움이 될 것이라는 안도감이 공존합니다. 앞에서도 언급했지만, 이 책은 정성적 설명과 정량적 설명이 모두 친절하여, 소설책같이 가볍게 읽으면서도 수식적으로 깊이 있게 이해할 수 있습니다. 물론 수학적 접근이 어려운 독자들은 건너뛰고 읽어도 전체적인 맥락을 이해하는 데 전혀 어려움이 없으므로 전공자와 비전공자, 교사와 학생 누구든 재밌게 읽을 수 있습니다. 앞으로 우리나라에서도 이러한 전문성을 갖춘 교양 과학 서적이 대중화되고 기초 과학의 저변이 확대됨으로써, 많은 학생이 책을 통해 과학자의 꿈을 꿀 수 있는 사회가 되길 바랍니다.

천재 과학자들의 오리지널 논문을 이해하게 되길 바라며

저는 2004년부터 지금까지 주로 초등학생을 위한 과학 수학 도서를 써왔습니다. 초등학생을 위한 책을 쓰면서 아주 즐겁지만, 한편으로 수학을 사용하지 못하는 점이 매우 아쉬웠습니다. 그래서 수식을 사용할 수 있는 일반인 대상 과학책을 써볼 기회가 저에게도 주어지기를 희망해왔습니다.

저는 1992년 KAIST(한국과학기술원)에서 이론물리학의 한 주제인 『초중력이론』으로 박사 학위를 받고 운 좋게도 1992년 30세의 나이에 교수가 되어 현재까지 경상국립대학 물리학과에서 교수로 근무하고 있습니다. 저는 매년 20여 편 이상의 논문을 수학이나 물리학의 세계적인 학술지 『SCI 저널』에 게재합니다. 여가 시간에는 취미로 집필 활동을 합니다.

그동안 일반인 대상의 과학 서적들은 독자들이 수학 꽝이라고 생각하고 수식을 너무 피해 가는 것 아닌가 하는 생각이 들었습니다. 저는 일반인 독자들의 수준도 크게 높아졌고 수학을 피해 가지 말고 그들도 천재 과학자들의 오리지널 논문을 이해하면서 앞으로 도래할 양자(퀀텀) 시대와 우주여행 시대를 멋지게 맞이할 수 있게 도움을 줄 수 있을 거라는 생각에서 이 시리즈를 기획해보았습니다.

여기서 제가 설정한 일반인은 고등학교 수학이 기억이 나는 사람

　　　　　　세상에서 가장 쉬운 과학 수업 우주팽창이론

을 말합니다. 양자역학과 상대성이론에 관한 책은 전 세계적으로 헤아릴 수 없을 정도로 많고 앞으로도 계속 나오게 되겠지요. 대부분의 책들은 수식을 피하고 양자역학이나 상대성이론과 관련된 역사 이야기들 중심으로 쓰여 있어요.

이 시리즈는 많은 일반인에게 도움을 줄 수 있다고 생각합니다. 선행학습을 통해 고교 수학을 알고 있는 초·중·등 과학영재, 현재 고등학생이면서 이론물리학자가 꿈인 학생, 현재 이공계열 대학생으로 양자역학과 상대성원리를 좀 더 알고 싶어 하는 사람, 아이들에게 위대한 물리 논문을 소개해주고 싶은 초·중·고 과학 선생님들, 전기·전자 소자, 반도체, 양자 관련 소자나 양자 암호시스템과 같은 일에 종사하는 직장인, 우주·항공 계통의 일에 종사하는 직장인, 양자역학과 상대성이론을 좀 더 알고 싶어 하는 실험물리학자, 어릴 때부터 수학과 과학을 사랑했던 직장인(특히 양자역학이나 상대성이론에 의한 우주이론에 관심 있는 직장인), 이론물리학자가 되고 싶어 하는 자녀를 둔 부모, 양자역학이나 상대성이론에 의한 우주이론을 통해 「인터스텔라」를 능가하는 영화를 만들고 싶어 하는 영화제작자, 양자역학이나 상대성이론에 의한 우주이론을 통해 웹툰을 만들고자 하는 웹튜너 등 많은 사람이 제가 이 시리즈를 추천하고 싶은 일반인들입니다.

저는 이 책에서 고등학교 정도의 수식을 이해하는 일반인들에게 초점을 맞추었습니다. 물론 이 시리즈의 논문에 고등학교 수학을 넘어서는 수학도 사용되지만 고등학교 수학만 알면 이해할 수 있도록 설명했습니다. 이 책을 읽고 독자들이 천재 과학자들의 오리지널 논문을 얼마나 이해할지는 개인에 따라 다를 거로 생각합니다. 책을 다 읽고 100% 이해하는 독자도 있을 거고, 70% 이해하는 독자도 있을 거고, 30% 미만으로 이해하는 독자도 있을 거로 생각합니다. 제 생각으로 이 책의 30% 이상 이해한다면 그 독자는 대단하다는 생각이 듭니다.

이 책에서 저는 우주팽창에 대한 세 논문(허블의 논문, 르메르트의 논문, 프리드만의 논문)과 피블스의 현대 우주론의 탄생을 알리는 논문과 노벨상 수상 연설문을 다루었습니다. 이 책을 쓰기 위해 이 논문을 수십 번 읽고 또 읽고 어떻게 이 어려운 논문을 일반인들에게 알기 쉽게 설명할까 많이 고민했습니다.

이 책은 우주론에 관한 신화로부터 시작합니다. 비록 사실은 아니지만 재미를 위해 자료를 찾아서 넣어 보았습니다. 고대의 우주론의 두 뿌리인 천동설과 지동설의 대립에 관한 이야기를 다루었고, 튀코 브라헤의 관측과 케플러의 법칙, 그리고 브루노의 다중 우주론을 다루어 보았습니다.

우주를 이루는 다양한 물질들에 관한 이야기와 행성계와 은하의 발견 이야기를 자세히 다루었습니다. 그리고 아인슈타인의 정지우주 모형과 프리드만-르메르트의 팽창우주 모형의 차이를 알아보았습니다. 또 2019년 노벨 물리학상 수상자인 피블스의 물리 우주론이라

     세상에서 가장 쉬운 과학 수업 우주팽창이론

고 부르는 현대 우주론을 다루었습니다. 피블스의 방대한 연구 중의 일부를 프리드만 방정식에 맞춰서 설명해보았습니다. 이러한 배경을 통해 여러분들은 프리드만의 우주팽창 모형을 이해할 수 있으리라 생각합니다.

일반인들은 과학, 특히 물리학 하면 '넘사벽'이라고 생각합니다. 제가 외국 사람들을 만나서 얘기할 때마다 느끼는 점은 그들은 고등학교까지 과학을 너무 재미있게 배웠다는 사실입니다. 그래서인지 과학에 대해 상당히 많이 알고 있는 일반인들이 많았습니다. 그래서 노벨 과학상도 많이 나오는 게 아닐까 생각해요. 한국은 노벨 과학상 수상자가 한 명도 없는 나라입니다. 이제 일반인의 과학 수준을 높여 노벨 과학상 수상자가 매년 나오는 나라가 되었으면 하는 게 제 소망입니다. 일반인들의 과학 수준이 높아지면 교수들이 연구를 게을리하는 일은 없어지지 않을까요?

끝으로 용기를 내서 이 책의 출간을 결정해준 성림원북스의 이성림 사장과 직원들에게 감사를 드립니다. 이 책의 초안이 나왔을 때, 수식이 많아 출판사들이 꺼릴 것 같다는 생각을 많이 가졌습니다. 성림원북스를 시작으로 몇 군데 출판사에 출판을 의뢰한 후 거절당하면 블로그에 올릴 생각으로 글을 써 내려갔습니다. 놀랍게도 첫 번째로 이 원고에 대해 이야기를 나눈 성림원북스에서 출간을 결정해주어서 이 책이 나올 수 있게 되었습니다. 이 책을 쓰는 데 필요한 프랑스 논문의 번역을 도와준 아내에게도 고마움을 표합니다. 그리고 이 책을 쓸 수 있도록 멋진 논문을 만든 허블 박사님, 르메르트 박사님, 프리드만 박사님과 피블스 박사님에게도 감사를 드립니다.

진주에서 정완상 교수

현대 우주론으로 노벨 물리학상을 수상한 피블스
_ 초끈이론의 창시자 위튼 박사 깜짝 인터뷰

기자　물리학자 최초로 수학계의 가장 명예로운 상 가운데 하나인 필즈상(Fields Medal)을 받은 초끈이론의 창시자 위튼(Edward Witten) 박사님과 인터뷰를 진행합니다. 위튼 박사님, 나와 주셔서 감사합니다.

위튼　제가 가장 존경하는 과학자인 피블스 박사님에 관한 내용이라 만사를 제치고 달려왔습니다.

기자　우주의 미래에 대한 이론을 처음 발표한 사람은 아인슈타인이라고 하던데요.

위튼　맞습니다. 아인슈타인 박사님은 일반상대성이론을 완성한 후 곧바로 우주의 미래에 대한 모형을 만들었습니다. 그는 우주가 영원히 그 모양 그대로 유지되는 '정지우주' 모형을 제창했지요. 그 후 프리드만 박사님과 르메르트 박사님은 우주가 점점 커진다는 것을 논문을 통해 밝혀냈습니다. 이것이 바로 '우주팽창이론'입니다.

기자　두 이론이 대립했군요.

프리드만과 르메르트, 아인슈타인을 넘어서다

기자 아인슈타인 박사님의 '정지우주이론'과 프리드만 박사님과 르메르트 박사님의 '우주팽창이론'의 승부는 어떻게 되었나요?

위튼 과학, 특히 물리학은 관측이나 실험으로 올바른 이론이 선택됩니다. 두 이론이 대립할 때 즈음 천체물리학자 허블은 우리 은하와 안드로메다은하가 점점 멀어진다는 것을 관측해 우주가 팽창하고 있음을 알아냈지요.

기자 프리드만 박사님과 르메르트 박사님의 승리이군요.

위튼 그렇습니다. 허블의 관측이 나온 후 아인슈타인은 자신의 정지우주 모형이 옳지 않다는 것을 시인했습니다.

기자 그렇다면 우주는 점점 팽창하는 중이겠군요.

위튼 그렇게 볼 수 있습니다.

기자 프리드만과 르메르트의 논문에는 어떤 내용이 담겨 있나요?

위튼 프리드만의 1922년 논문은 우주팽창에 대한 최초의 논문입니다. 그 후 1927년에 르메르트도 우주팽창에 대한 논문을 썼지요. 두 논문은 역사적으로 매우 중요합니다. 두 논문은 모두 아인슈타인의 방정식에서 출발하지요.

기자 아인슈타인은 우주는 4차원 시공간이고, 우주를 이루는 물질들로 인해 우주가 휘어져 있다고 생각했지요?

위튼 그렇습니다. 이렇게 휘어진 시공간에서 계량을 결정하면 우주가 어떤 모습으로 휘어져 있는지를 알려주지요. 프리드만과 르메

  세상에서 가장 쉬운 과학 수업 우주팽창이론

르트는 우주를 공 모양이라고 생각하고 아인슈타인 방정식을 풀어 공의 반지름이 시간에 따라 점점 커질 수 있음을 보였어요. 이것은 바로 공 모양 우주의 팽창이론이지요.

기자　아인슈타인 방정식을 이용했다면 엄청나게 복잡한 수식이 쓰였겠군요.

위튼　그렇습니다. 하지만 프리드만과 르메르트는 완벽한 계산을 통해 허블상수가 만족해야 하는 조건을 찾아내 우주팽창 시나리오를 만들었습니다.

기자　그렇군요.

프리드만-르메르트 이론부터 피블스의 물리 우주론까지

기자　프리드만의 1922년 논문과 르메르트의 1927년 논문은 어떤 파문을 일으켰나요?

위튼　우주가 지금까지 팽창했다면 우주가 탄생했을 때는 우주의 크기가 거의 한 점이라는 생각이 제기되었어요. 이 한 점에서 우주가 탄생했다는 이론을 '빅뱅이론'이라고 부르는데, 우주팽창이론은 빅뱅을 예측했어요.

기자　실제로 우주가 빅뱅으로부터 시작되었나요?

위튼　그렇습니다. 펜지어스와 윌슨은 벨 연구소에서 안테나로 델스타 위성과 통신하는 일을 하고 있었고 이 안테나로 천체물리학 연구를 했지요. 그들은 안테나에 수신되는 특정한 전파를 발견했는데, 이 전파는 우주가 빅뱅으로 탄생했을 때의 전파였지요. 이것은 영하 270℃의 물체에서 뿜어나는 열복사선인데, 우주가 탄생할 때는 아주 뜨거운 온도에 대응되는 열복사선이었지만 우주가 팽창함에 따라 온도가 내려가면서 차가운 온도에 대응되는 열복사선으로 바뀐 전파였지요. 이 전파를 '우주배경복사선'이라고 부르는데, 이것의 존재는 빅뱅이 실제로 있었다는 것을 말해주지요. 이 발견으로 1978년 펜지어스와 윌슨은 노벨 물리학상을 받았습니다.

기자　피블스 박사님은 우주에 관해 어떤 연구를 했죠?

위튼　피블스 박사님은 차가운 암흑 물질이 은하단과 은하와 같은 구조물의 형성에 결정적인 역할을 한다고 생각했어요. 피블스 박사님은 또한 원시 등곡률 바리온 모델을 제안했지요. 피블스 박사님은 은하 형성의 안정성과 관련된 기준을 제시하기도 했어요. 그는 우주가 충분히 팽창하여 중력이 우주를 가득 채운 뜨거운 흑체 복사의 상쇄 효과를 극복할 수 있을 만큼 충분히 냉각될 때까지 은하가 형성될 수 없었을 것이라고 주장하는 논문을 썼지요. 그는 또한 우주 온도가 헬륨 생산량에 큰 영향을 미친다는 것을 보여주었어요. 즉 피블스 박사님은 어느 시점에서 온도가 내려가 중수소가 더 이상 헬륨으로 변환되지 않으므로 헬륨보다 무거운 원소가 형성되지 않는다는 것을 알아냈지요.

기자　그렇군요. 피블스 박사님은 물리 우주론으로 노벨 물리학상을 받았는데, 어떤 내용이죠?

위튼　　피블스 박사님은 우주의 밀도를 질량을 가진 물질의 밀도, 복사에너지 밀도, 우주상수 밀도로 나누었어요. 피블스 박사님의 물리 우주론은 이들 중 어떤 밀도가 주가 되는가에 따라 우주의 미래가 달라진다는 것을 알아냈지요. 즉 우리가 우주의 밀도에 대한 보다 정확한 관측을 해나가면 우주의 미래를 좀 더 잘 알 수 있게 되는 아름다운 모형이지요.

기자　　그렇군요. 지금까지 피블스 박사님의 물리 우주론에 대해 위튼 박사님의 이야기를 들어보았습니다.

우주는 어떻게 상상되었는가

정교수 이 책에서는 우주팽창에 관한 내용을 다룰 거야. 그리기 위해서는 아주 옛날 사람들이 우주에 대해 어떻게 생각했는지 알 필요가 있어.

고대 이집트인들이 생각한 우주에 대해 알아보자. 그들은 '라(Ra)'라고 부르는 태양신을 섬겼다. 태양의 신 라는 자신의 그림자와 결혼해 쌍둥이 남매인 공기의 신 '슈(Shu)'와 비의 여신 '테프누트(Tefnut)'를 낳았다. 슈와 테프누트 역시 결혼해 쌍둥이 남매인 대지의 신 '게브(Geb)'와 하늘의 여신 '누트(Nut)'를 낳았다.

고대 이집트인들이 형상화한 신화 속 우주. 둥그렇게 엎드린 모습을 한 신은 여신 누트로, 하늘을 뜻한다. 바닥에 누운 신은 게브이며, 대지를 의미한다.

　여신 누트는 대지의 신 게브의 누이동생이었는데, 라를 배반하고 오빠인 게브와 부부가 되었다. 이에 화가 난 라는 슈로 하여금 그 둘을 떼어놓게 한 다음, 누트에게는 땅에 눕지 못하도록 엄명을 내렸다. 누트는 발가락 끝으로 발돋움을 하고 서서 손가락 끝을 대지에 대고 있으며, 별이 아로새겨져 있는 그녀의 배가 슈에 의해 받쳐져 공중에 떠서 하늘을 이루었다. 누트의 배에 아로새겨진 별들은 대지를 밝혀 주는 역할을 했다.

　우주에 대한 또 다른 신화는 바빌로니아판 『창세기』라고 부르는 『에누마 엘리시』에서 찾아볼 수 있다. 이 책은 19세기 중반 영국의 고고학자 오스틴 헨리 레이어드(Austen Henry Layard)가 아시리아 제국 수도였던 니네베(현재 이라크 모술 지방)의 유적을 발굴하던 중 아슈르바니팔 왕의 도서관에서 발견했다.

『에누마 엘리시』

『에누마 엘리시』는 신들의 탄생과 투쟁에 관한 이야기에서 시작된다. 태초에 민물을 지배하는 아프수와 바다의 짠물을 지배하는 티아마트 사이에서 라흐무, 라하무, 안샤르 등 최초의 신들이 탄생하고, 이 신들이 낳은 자식들 중에서 나중에 신들의 왕인 마르둑이 태어난다.

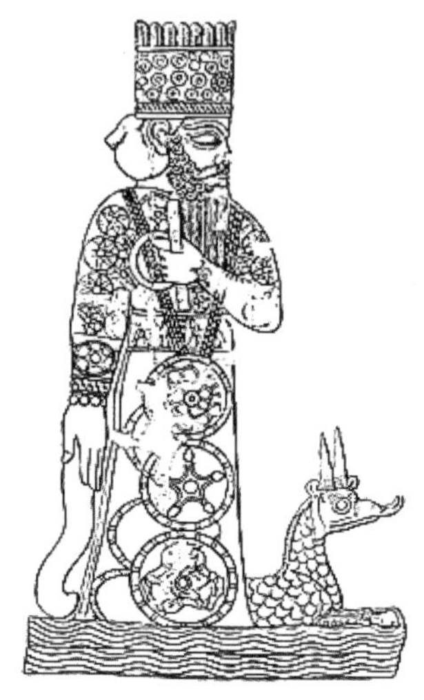

마르둑

이후 티아마트와 마르둑 사이에 전쟁이 벌어지고 마르둑이 주문을 걸어 티아마트를 죽인다. 전쟁에서 승리한 마르둑은 티아마트의 시체를 둘로 나누어 하늘과 땅을 창조한다.

티아마트를 공격하는
마르둑

우주에 대한 또 다른 신화로 북유럽신화가 있다. 북유럽 사람들은 우주가 얼음에서 만들어졌다고 생각했다. 얼음이 불꽃과 만나 거인

　세상에서 가장 쉬운 과학 수업 우주팽창이론

이 만들어졌는데, 이 거인의 이름이 이미르이다. 최고의 신 오딘과 그의 형제들은 이미르를 죽이고 그의 두개골로 둥근 천장을 만들었는데 그것이 바로 하늘이었다. 오딘 삼 형제는 이미르의 살로 대지를 만들고, 그의 피로 바다를 만들고 그의 뇌로 구름을 만들었다. 그런 다음 행성들과 해와 달과 별을 둥근 천장에서 움직이게 하여 우주를 만들었다.

오딘 삼 형제에게 찢어 죽임을 당하는 이미르

고대 그리스 철학자들이 상상한 우주 _ 하늘은 공이고 지구는 평평하다

정교수　이제 고대 그리스 사람들이 생각한 우주에 관해 얘기할게. 고대 그리스 사람들은 지구가 우주의 중심이고 정지해 있다고 믿었어.

고대 그리스의 아낙시만드로스(Anaximandros, 기원전 610~기원전 546)는 지구가 우주의 한가운데에 가만히 머물러 있으며 우주의 물질이 지구를 움직이게 하는 힘은 작용하지 않는다고 생각했다. 그의 우주 모형에 따르면, 지구는 우주의 중심에 정지해 있다. 또한 지구는 지름이 높이의 3배인 원통 모양이고, 별, 달, 태양은 각각 지구 지름의 9배, 18배, 27배 크기를 가지고 있다.

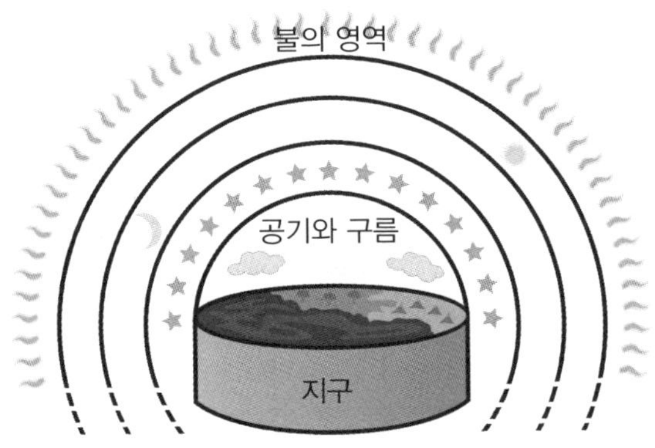

그 후 그리스의 아낙시메네스(Anaximenes, 기원전 586~기원전 526)는 우주가 처음에는 모두 공기로 이루어져 있었고 그다음에는 응축을 통해 액체와 고체가 생성되었다고 주장했다. 그는 평평한 지구가 공기로부터 응축된 최초의 것 중 하나로 나타났다고 믿었다.

아낙시메네스는 천체를 지구에서 분리된 것으로 간주했다. 그는 지구, 태양, 별의 움직임을 바람에 떠다니는 나뭇잎에 비유했고 별을 하늘에 박힌 못에 비유한 것으로도 묘사했다. 아낙시메네스는 태양이 지구 주위를 빙글빙글 돈다고 생각했다.

 세상에서 가장 쉬운 과학 수업 우주팽창이론

아낙시메네스의 우주

물리군　아낙시만드로스와 아낙시메네스는 지구가 평평하다고 생각
했군요.

정교수　맞아. 그 후 아리스토텔레스는 지구가 공 모양이라는 것을 알
아낸 후 태양이나 행성이나 달도 공 모양이 되어야 한다고 생각했지.

물리군　아리스토텔레스가 생각한 우주는 어떤 모습이죠?

정교수　아리스토텔레스는 지구를 우주의 중심으로 하여 달, 수성,
금성, 태양, 화성, 목성, 토성이 돌고 있고 그 바깥에 모든 별이 놓여
있는 천구가 있다고 생각했지. 그는 천구가 정지해 있는 지구를 중심
으로 회전하기 때문에 천구에 붙어 있는 별들이 지구 주위를 돈다고
생각했어.

물리군　천구는 거대한 공 모양이군요.

정교수 맞아. 아리스토텔레스는 천구가 우주의 끝이라고 생각했어. 즉 아리스토텔레스는 우주가 유한하다고 생각했지.

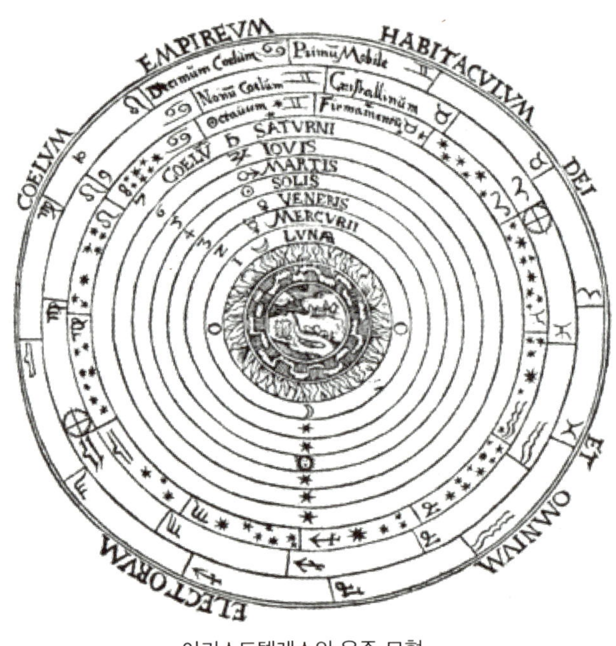

아리스토텔레스의 우주 모형

피타고라스학파가 본 우주의 비밀 _지구는 움직인다!

물리군 고대 그리스의 과학자들은 모두 지구가 중심에 있고 태양이 지구 주위를 돈다고 생각했나요?

정교수 그렇지는 않아. 지구가 움직인다는 것을 처음 주장한 사람은

　　　　　　　세상에서 가장 쉬운 과학 수업 우주팽창이론

피타고라스학파의 필롤라오스(Philólaos, 기원전 470~기원전 385)야.

물리군   피타고라스학파가 뭐죠?

정교수   음, 우선 피타고라스에 관해 알아볼게.

피타고라스(Pythagoras of Samos,
기원전 570~기원전 495, 고대 그리스)

피타고라스는 사모스섬이라 부르는 아름다운 섬에서 태어났다. 피타고라스가 정확히 언제 태어났고 언제 죽었는지는 알려지지 않았지만, 대략 기원전 570년 전후에 태어난 것으로 추정된다. 피타고라스가 태어난 시기에 그리스는 수많은 식민지를 거느리고 있었다. 사모스섬 역시 그리스의 식민지 중 하나였다. 에게해에 있는 사모스섬은 무역이 번창하고 학문과 문화가 발달한 항구도시였다.

에게해에 위치한 사모스섬

피타고라스의 아버지는 상인이었다. 어릴 때부터 수학에 천부적인 소질을 보였던 피타고라스는 탈레스로부터 수학과 천문학을 배웠고 20살이 되던 해에는 이집트의 멤피스로 가서 수학과 철학, 천문학에 심취했다.

피타고라스는 수학을 가르치기 위해 다시 고향 사모스로 돌아왔지만 별로 유명하지 않았던 피타고라스에게 수학을 배우려는 사람이 없자 그는 길거리의 거지 아이에게 자신의 돈을 주면서 자신에게 수학을 배우게 했다. 더 이상 거지 아이에게 줄 돈이 없어 수업할 수 없게 되자 거지 아이는 피타고라스에게 수업료를 내고 수학을 배웠다. 이것이 피타고라스가 수업료를 받고 가르친 최초의 수학 수업이다.

사모스에서 수학을 가르치는 것이 여의치 않자 피타고라스는 당시 그리스의 식민지인 크로톤(현재는 이탈리아의 도시)으로 가서 기원 전 529년 학교를 세웠다.

피타고라스가 태어난 사모스섬과 피타고라스학교가 세워졌던 크로톤

라파엘로가 그린 『아테네학당』에 등장하는 피타고라스(책에 뭔가를 적는 이)

피타고라스의 학교에는 그를 추종하는 사람들이 모여들어 피타고라스학파가 만들어졌다. 피타고라스학파 내에서 발견된 것은 모두 피타고라스의 이름으로 일컬어지고, 발견된 내용을 학파 사람들이 아닌 다른 사람들에게 알리는 것을 엄격히 금지하였다.

기초를 강조했던 피타고라스는 모여든 추종자들에게 처음부터 수학을 가르쳐주지 않고 마음을 깨끗이 하는 법과 철학을 가르쳤다. 피타고라스는 수학이 인간과 신을 연결하는 학문이기 때문에 몸과 마음을 깨끗이 하고 사치스럽게 살지 않는 등 올바른 철학 정신을 지니지 않고 섣불리 수학을 공부하면 미쳐버릴 수 있다고 경고했다. 제자들이 피타고라스에게 수학을 배우기 위해서는 오랜 시간 동안 경건한 마음으로 금욕생활을 해야 했다. 충분한 경지에 오르게 된 제자는 염원하던 수학을 배울 수 있게 되는데, 이들을 '마테마테코이'라고 불렀다. 이것은 '수학을 공부하는 학생'이라는 뜻이다.

당시 사람들이 왜 피타고라스에게 수학을 배우려고 했는지 알려주는 재미있는 일화가 있다. 어느 날, 피타고라스는 똑같은 크기의 빵 9개를 두고 10명이 다투는 모습을 보았다. 각자 하나씩 빵을 가지면 한 사람이 빵을 먹지 못하기 때문이었다. 피타고라스는 빵 아홉 개의 무게를 잰 다음 전체의 10분의 1씩 되도록 빵을 잘라서 열 명의 사람들에게 나누어 주었다. 사람들은 똑같은 양의 빵을 먹을 수 있게 되었고 피타고라스의 지혜에 감탄했다. 이때부터 많은 사람이 피타고라스로부터 수학을 배우기 위해 피타고라스의 학교로 몰려들었다.

피타고라스는 각각의 수에 개별적인 의미를 부여했다. 모든 수는 1을 더하여 만들 수 있으므로 1은 수의 근원이며 이성을 상징하는 것으로 생각했다. 첫 번째 짝수 2는 여성을 상징하고 3은 남성을 상징하면서 동시에 1과 2의 합이므로 조화의 수로 여겼다. 4는 정의를 상징하고 5는 2와 3의 합이므로 결혼을 상징한다고 생각했다. 6은 1과 2와 3을 더한 수인데, 피타고라스는 이것이 창조를 상징한다고 여겼다. 피타고라스가 생각한 가장 신성한 수는 10인데, 10은 1과 2와 3과 4의 합으로 나타낼 수 있기 때문이었다.

물리군　피타고라스학파 출신 가운데 필롤라오스가 있네요. 필롤라오스는 피타고라스에게 직접 배웠나요?

정교수　필롤라오스는 피타고라스가 죽은 후에 태어났으니까 두 사람이 만난 적은 없지. 필롤라오스는 크로톤에서 태어나 나중에 그리스로 이주해서 피타고라스학파의 한 사람이 되었지. 그는 피타고라스학파에서 가장 뛰어난 인물로 불려.

프란치노 가푸리오(Franchino Gaffurio)가 그린 중세 목판화로, 피타고라스와 필롤라오스가 음악을 연구하는 모습

필롤라오스는 우주의 중심에 불이 있고 그 주위를 천체들이 돈다고 생각했다. 필롤라오스는 중심의 불에 가까운 쪽부터 안티크톤, 지구, 달, 태양, 수성, 금성, 화성, 목성, 태양이 원운동을 한다고 생각했다.

　　　세상에서 가장 쉬운 과학 수업 우주팽창이론

필롤라오스가 상상한 우주

물리군 안티크톤이 뭐죠?

정교수 필롤라오스가 도입한 가상의 천체야. 그는 안티크톤이 지구보다 안쪽 궤도를 돌면서 지구의 낮과 밤을 만드는 역할을 한다고 생각했어. 안티크톤이 태양 빛을 가리면 지구는 밤이 되고 그렇지 않으면 지구는 낮이 되지.

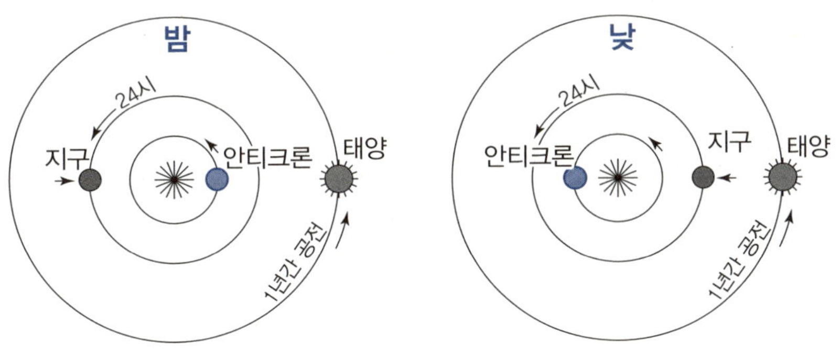

물리군　필롤라오스의 우주 모형에는 불과 안티크톤이 추가되네요.

정교수　맞아. 이 두 개를 추가하면 10개의 천체가 되는데, 여기서 10 은 피타고라스학파의 신성한 수를 나타내지.

물리군　그러니까 신성한 수를 만들기 위해 관측되지 않는 두 천체를 도입했군요.

정교수　맞아. 필롤라오스에 의해 발표된 우주 모형은 피타고라스가 처음 생각했고 후에 필롤라오스에 의해 저술되었다는 주장도 있고, 필롤라오스의 독창적인 아이디어라는 주장도 있어. 하지만 어느 쪽 이 진실인지를 알 수가 없지. 그래서 이 우주 모형을 피타고라스학파 의 우주 모형이라고 부르기도 해.

물리군　하지만 이 우주 모형에서는 태양이 불을 중심으로 돌고 있네요.

정교수　맞아. 우리가 알고 있는 태양을 중심으로 지구가 도는 우주 모형과는 다르지. 태양 중심으로 지구의 원운동을 주장한 최초의 과 학자는 아리스타르코스야.

아리스타르코스
(Aristarkhos, 기원전 310~기원전 230)

　세상에서 가장 쉬운 과학 수업 우주팽창이론

아리스타르코스의 삶에 대해서는 별로 알려진 것이 없다. 그는 알렉산드리아에서 활동했고, 그리스 페리파테스학파의 세 번째 교장 스트라토의 제자였다. 아리스타르코스는 크로톤의 필롤라오스가 제시한 우주 중심의 불을 태양과 동일시하고 다른 행성들을 태양 주위의 정확한 거리 순서로 배열하는 우주 모형을 제시했다. 즉, 아리스타르코스의 우주 모형은 필롤라오스의 모형에서 중심의 불과 안티크톤이 배제된 모형으로, 현재 우리가 아는 태양계의 모형과 같아진다.

아리스타르코스는 태양이 지구나 다른 행성들보다 훨씬 크다는 것을 깨달은 후, 행성들이 태양 주위를 돈다는 결론을 내렸다. 아리스타르코스는 태양이 우주 중심에 정지해 있고 그 주위를 지구를 포함한 여섯 개의 행성이 돌고 있으며, 별은 너무 멀리 떨어져 있어 한 점으로 보인다고 생각했다. 게다가 그는 지구가 축을 중심으로 자전운동을 한다는 것과 지구와 달 사이의 거리를 알아냈다.

프톨레마이오스가 만든 천동설 이야기 _80개의 원으로 완성한 우주

정교수　지구 중심설의 가장 완성된 우주 모형은 프톨레마이오스에 의해 제기되었어. 알렉산드리아에서 활동하던 프톨레마이오스에 대해서는 『알마게스트』를 비롯한 그의 저서들을 제외하고는 별로 알려진 바가 없어. 다만 그가 서기 1세기 말에 태어나서 2세기에 주로 천문 관측을 한 것으로 알려져 있지.

프톨레마이오스(Ptolemy, 100~170, 그리스)

프톨레마이오스는 천문학의 고전으로 일컬어지는 자신의 저서 『알마게스트』에서 별의 운동에 다섯 가지의 기본원리가 있다고 주장했는데, 그 내용은 다음과 같다.

1. 천구는 공 모양이며 공처럼 자전한다.
2. 지구는 공 모양이다.
3. 지구는 천구의 중심에 위치한다.
4. 지구에서 천구까지의 거리는 굉장히 멀다.
5. 지구는 조금도 움직이지 않는다.

『알마게스트』는 17세기 초반까지 아라비아와 유럽의 천문학자들에게 교과서처럼 사용되었다. 『알마게스트』는 '위대한 책'이라는 뜻인데, 827년에 아라비아어로 처음 번역되었고 12세기 후반에 라틴어로 다시 번역되어 많은 유럽 천문학자들이 읽었다.

이 책은 13권으로 이루어져 있다. 제1권은 전체적인 개론으로 프톨레마이오스의 천동설에 따른 태양계에 관해 담고 있고, 제2권은 삼각법에 관해 담고 있다. 제3권에서는 태양의 운동과 1년의 길이에 관한 내용이, 제4권과 제5권에서는 달의 운동과 한 달에 관해, 제5권에서는 지구와 태양 및 달과의 거리에 관해 담고 있다. 제6권에서는 일식과 월식, 제7권과 제8권에는 1,022개의 별의 등급에 관한 내용이 담겨 있다. 마지막으로 제9권부터 제13권까지의 다섯 권에서는 제1권에서 다루었던 천동설에 관해 보다 자세히 다루고 있다.

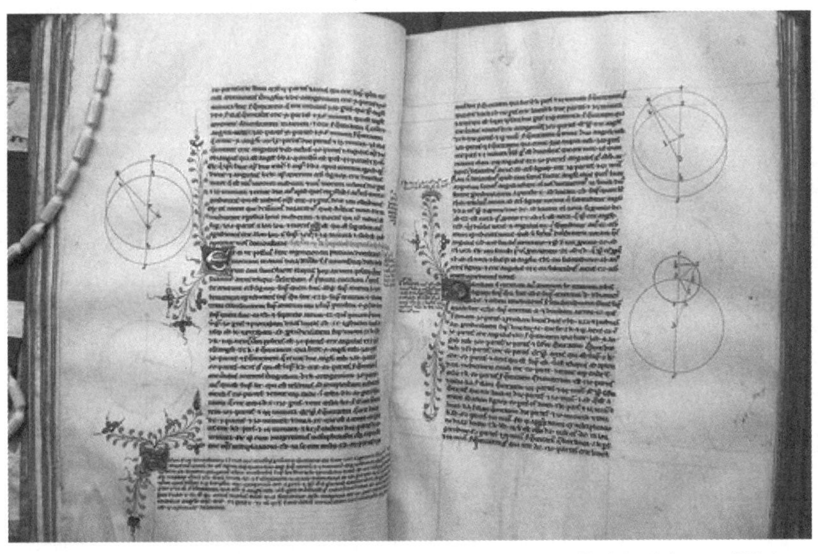
프톨레마이오스는 『알마게스트』에서 별의 운동에 다섯 가지의 기본원리가 있다고 주장했다.

프톨레마이오스가 우주 모형을 발표하기 전에는 아리스토텔레스의 우주 모형이 진리로 여겨졌다. 아리스토텔레스의 우주 모형은 지구를 중심으로 태양과 달과 행성들이 동심원을 그리며 공전하는 모형이다. 동심원이란 중심이 같지만 반지름이 다른 원들을 말한다. 하지만 이 모형으로는 설명할 수 없는 두 가지 관측 사실이 알려지는데, 그 내용은 다음과 같다.

첫째, 화성을 관찰해보면 화성의 앞으로 갔다 뒤로 갔다 하는 역행 운동이 관측된다.

둘째, 행성의 밝기가 달라진다.

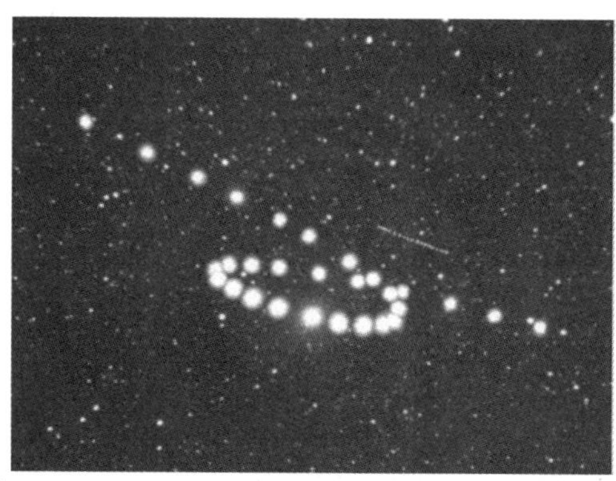

화성의 역행운동

첫 번째 문제를 해결하기 위해서 프톨레마이오스는 고대 그리스의 수학자 아폴로니우스가 고안하고 히파르코스가 발전시킨 주전원의 개념을 우주 모형에 도입했다. 주전원이란 지구를 중심으로 하는 행성의 원궤도에 중심을 가진 또 하나의 원을 말한다.

　　　　　　　　　세상에서 가장 쉬운 과학 수업 우주팽창이론

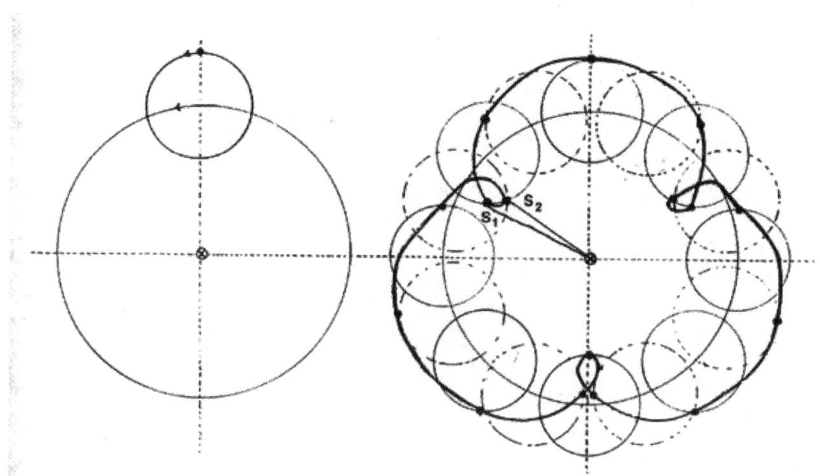

아폴로니우스가 고안하고 히파르코스가 발전시킨 주전원의 개념

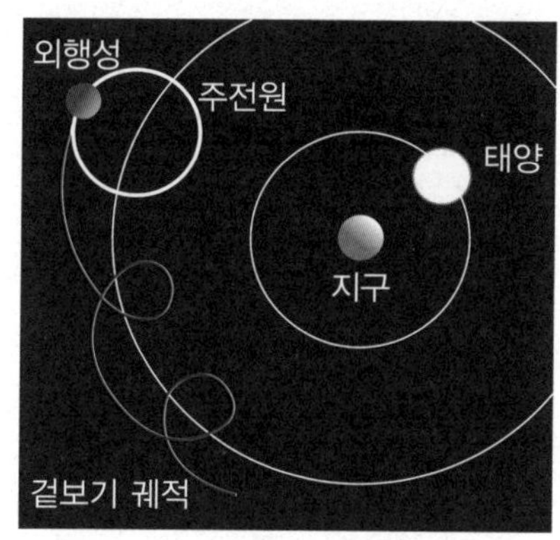

주전원과 행성의 겉보기 운동

행성이 주전원을 따라 돌고 주전원의 중심이 지구를 중심으로 하는 원궤도를 따라 도는데, 두 회전 방향이 같으면, 지구에서 바라보는 행성의 움직임은 앞으로 나아가다가 어느 순간 뒤로 갔다가 다시 앞

으로 가는 것으로 보인다. 그러므로 화성의 역행운동이 해결된다.

하지만 이 방법으로 행성의 밝기가 달라지는 이유는 밝힐 수 없었다. 그래서 프톨레마이오스는 지구가 행성들이 도는 원궤도의 중심에서 약간 비켜난 곳에 있다고 주장했다.

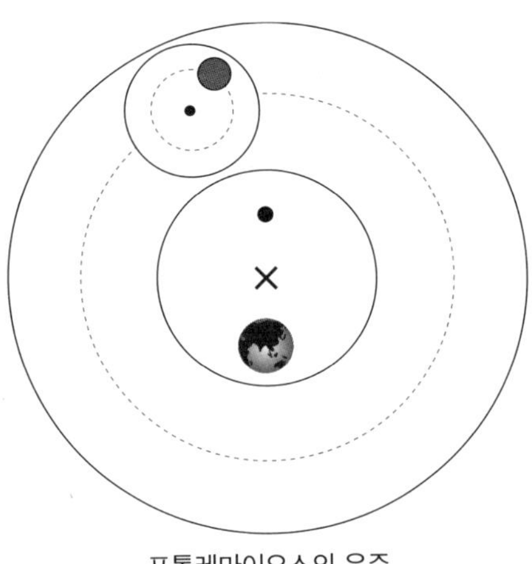

프톨레마이오스의 우주

위 그림에서 붉은 점은 주전원 위를 돌고 있는 행성을 나타내고, 푸른 공은 지구를 나타내며 X라고 표시된 점은 행성의 원궤도 중심을 나타낸다. 위 그림처럼 지구가 행성의 원궤도에서 조금 비켜나 있으면 행성이 지구 주위를 한 바퀴 도는 동안 지구와 행성 사이의 거리가 달라지기 때문에 행성의 밝기 변화를 설명할 수 있다. 즉, 행성이 지구와 가까울 때는 밝아졌다가 지구에서 멀어지면 어두워지는 것이다.

　세상에서 가장 쉬운 과학 수업 우주팽창이론

그런데 문제는 관찰된 행성들의 운동을 모두 제대로 설명하자면 단 하나의 주전원 도입으로 가능하지가 않았다. 결국 프톨레마이오스는 여러 겹의 주전원을 도입해 행성들의 운동을 그럴듯하게 설명할 수가 있었다. 프톨레마이오스의 우주 모형에 등장한 주전원의 개수는 80여 개 정도나 되었다.

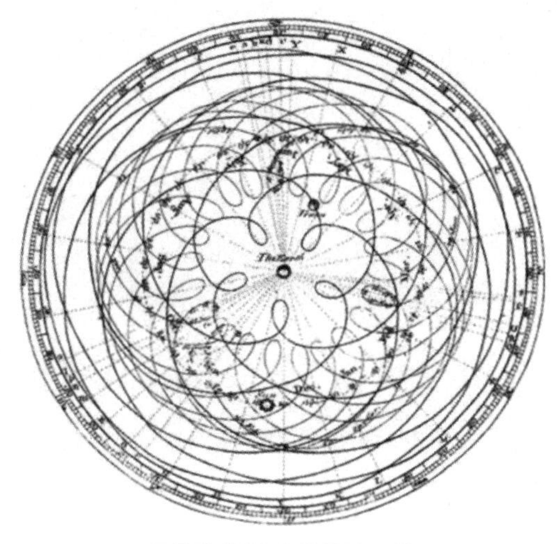

프톨레마이오스의 우주 모형

12세기까지는 로마 교황청이 프톨레마이오스의 천동설을 공식적인 우주 모형으로 인정했기 때문에 지구 중심설에 도전한다는 것은 감히 상상조차도 할 수 없는 일이 되었다.

프톨레마이오스는 천문학 외에도 여러 방면에 관심이 많았다. 그는 점성술에 관한 책과 해시계의 원리에 관한 책도 썼으며 빛의 굴절

현상에 관해서도 연구했다. 또한 그는 지리학에도 관심이 많아서 세
계지도를 직접 제작하기까지 했다.

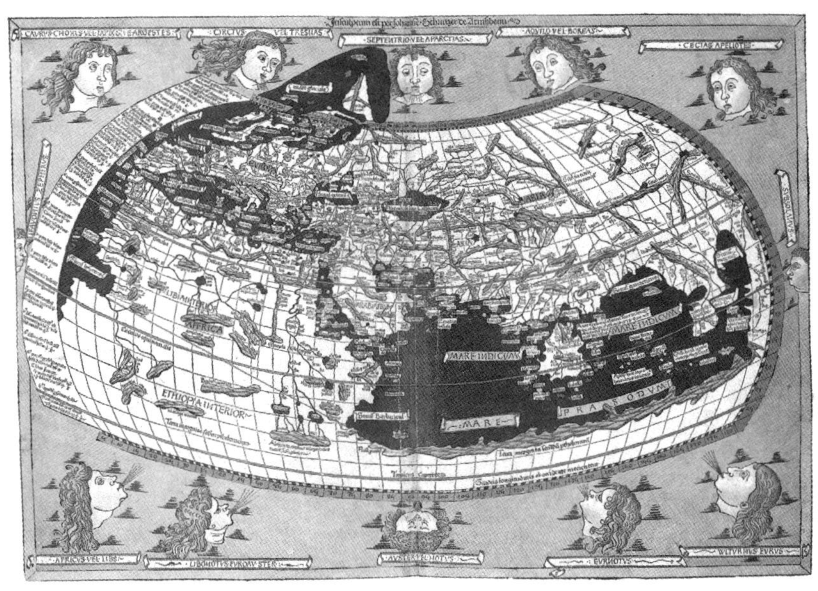

프톨레마이오스의 세계지도

그리스 최후의 과학자라고 할 수 있는 프톨레마이오스가 천동설을
발표한 후 시작된 물리학의 암흑기는 1543년 코페르니쿠스의 지동
설이 세상에 나올 때까지 1500여 년이라는 긴 세월 동안 지속되었다.
로마 교황청의 강력한 지원을 받는 천동설이 아주 오랜 세월 동안 지
배했고 로마 교황청의 종교재판이 두려워 물리학자들은 새로운 이론
은 내는 것을 극도로 꺼렸다.

　　　　　　　　　세상에서 가장 쉬운 과학 수업 우주팽창이론

대전환을 가져온 코페르니쿠스의 지동설 _지구가 아닌 태양이 중심이라고?

정교수   13세기에 시작된 르네상스는 중세 암흑시대의 종말을 예고하고 그리스 시대처럼 다시 활발한 자연 탐구가 시작되었어. 이때 천 년 넘게 사람들의 믿음을 얻었던 천동설에 대한 혁명을 일으킨 물리학자가 바로 코페르니쿠스야.

코페르니쿠스(Nicolaus Copernicus, 1473~1543, 폴란드)

코페르니쿠스는 1473년 폴란드의 토룬에서 태어났다. 그의 아버지는 크라쿠프 출신의 상인이었고 어머니는 부유한 토룬 상인의 딸이었다.

코페르니쿠스가 열 살이 되던 해 아버지가 돌아가시고 그는 어머니와 함께 외삼촌인 루카스의 집에서 살게 되었다. 루카스는 엄격하고 까다로웠지만 성실하고 공부하기를 좋아하는 코페르니쿠스는 외삼촌의 사랑을 독차지했다.

폴란드 토룬에 있는 코페르니쿠스의 출생지

코페르니쿠스의 외삼촌 루카스

　코페르니쿠스는 1491년 폴란드 크라쿠프 대학에 입학했다. 당시 유럽 대학의 교육 과정은 대부분 비슷했다. 학생들은 신부, 의사, 법률가가 되기 위한 교육을 받았다. 코페르니쿠스는 예술 과정에서 공부를 시작했다. 강의는 라틴어로 진행되었고 많은 과목이 고대 그리스 철학자인 아리스토텔레스가 쓴 책으로 진행되었다.

　코페르니쿠스는 또한 수학과 천문학도 배웠다. 수학 교재로는 유클리드의 『기하학 원론』이, 천문학 교재로는 사크로보스코의 『천구』가 사용되었다. 『천구』는 1200년대 초에 영국의 수학자 사크로보스코가 쓴 책으로, 하늘과 지구의 형태나 사계절의 변화 등을 설명한 책이었다. 이 책을 통해 코페르니쿠스는 아리스토텔레스의 동심원 우주이론과 프톨레마이오스의 주전원에 관해 공부했다.

　코페르니쿠스는 크라쿠프 대학의 예술 과정에서 4년간 공부한 뒤 학위를 받지 않고 1495년 가을 대학을 떠났다. 그의 외삼촌 루카스는 1489년에 바르미아의 대주교로 선출되었다. 1495년 코페르니쿠스가

크라쿠프 대학

외삼촌을 만나기 위해 프롬보르크에 도착했을 때, 바르미아 가톨릭 대교구 참사회 위원 중 한 명이 사망했다. 루카스는 그 자리에 코페르니쿠스를 임명했다.

그 후 성직자가 되기 위해 코페르니쿠스는 이탈리아 볼로냐 대학에서 교회법을 공부하게 되었다. 1497년 초, 코페르니쿠스는 도메니초 마리아 다 노바라는 볼로냐 대학 천문학 교수의 집에서 하숙했다. 그는 노바라의 천문학 관측을 도우면서 천문학적 지식을 넓혀갔다.

1500년 여름, 코페르니쿠스는 볼로냐 대학에서 4년 동안의 법률 공부를 마치고 로마로 여행을 떠났다. 여행에서 돌아온 1501년 6월 말, 그는 프롬보르크에서 열린 바르미아 가톨릭 대교구 참사회로부터 2년 동안 더 공부할 수 있도록 허가받았다. 1501년 10월, 코페르니쿠스는 파도바 대학의 의학 과정에 등록했다. 대학의 의학 강의는 2세기 무렵 로마의 의학자인 갈레노스의 저술을 바탕으로 했다. 2년 동안의 학업이 끝나고 1503년 5월 31일, 코페르니쿠스는 볼로냐에서 멀지 않은 페라라 대학에서 교회법 박사 학위를 받았다.

1503년 가을, 바르미아로 돌아온 코페르니쿠스는 참사회 위원으로서 활동을 시작했다. 그는 바쁜 생활 속에서도 천문학을 놓지 않았다. 그는 1504년에 행성들이 게자리에서 하나로 만나는 행성 합을 꼼꼼하게 관찰하고 기록했다. 그는 다양한 분석과 계산을 통해서 자신의 태양중심설을 발전시켜갔다.

1514년 코페르니쿠스는 태양중심설에 관한 내용을 담은 「천체의 운동과 그 배열에 관한 주해서」라는 논문을 출판하여 일부 천문학자들에게 나누어주었다. 이 논문에서 그는 지구가 태양의 주위를 돌고 있다는 것과 지구가 자신의 축 둘레로 하루에 한 번 자전한다는 것을 밝혔다. 이 노트의 내용은 훗날 그의 위대한 저서 『천체의 회전에 관하여』에 모두 수록되었다.[1]

코페르니쿠스는 이 논문을 통해 당시 대부분의 사람들이 믿고 있던 우주의 크기를 확장시켰다. 천동설에 따라 지구가 우주의 중심으로서 정지해 있고 다른 천체들이 회전하는 것이라면 우주의 크기가 그리 클 필요가 없었다. 하지만 지동설대로라면 상황은 달라진다. 우주의 중심에 태양이 있고 지구를 비롯한 다른 행성들이 태양으로부터 멀리 떨어진 곳을 회전하므로 우주의 크기는 훨씬 더 커져야 했다.

---

1) Nicolaus Copernicus, De revolutionibus orbium coelestium (English translation: On the Revolutions of the Heavenly Spheres), Johannes Petreius (Nuremberg) (1543).

 세상에서 가장 쉬운 과학 수업 우주팽창이론

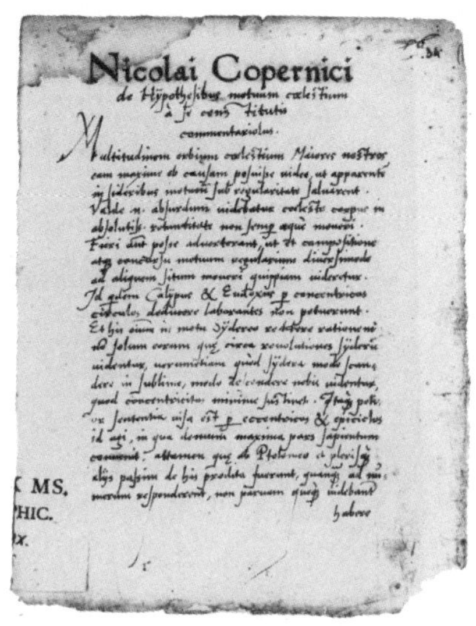

코페르니쿠스가 쓴 『천체의 회전에 관하여』

1529년 코페르니쿠스는 『천체의 회전에 관하여』를 집필하기 시작했다. 그는 자신의 관찰과 연구를 바탕으로 프톨레마이오스의 이론을 완전히 뜯어고치려고 했다.

1539년 5월 수학자 레티쿠스(Georg Joachim Rheticus, 1514~1574)가 코페르니쿠스를 찾아왔다. 코페르니쿠스는 레티쿠스에게 자신의 노트를 보여주었다. 레티쿠스는 코페르니쿠스의 제자가 되어 2년 동안 그와 함께 지내면서 코페르니쿠스의 새로운 체계에 대해 확신하게 되었다. 그는 코페르니쿠스의 노트를 책으로 출간하자고 강력히 권했다. 코페르니쿠스는 1542년 원고를 세계 최초의 인쇄소인 뉘른베르크 인쇄소에 넘겼다. 하지만 코페르니쿠스는 자신의 책을 읽어볼 수 없었다. 왜냐하면 이 책의 인쇄본이 전달된 것은 이듬해 5월 24일이었고 그때는 코페르니쿠스가 거의 죽을 때가 되어 책을 읽을 기력이 없었기 때문이었다.

『천체의 회전에 관하여』는 천문학에 대한 혁명을 일으킨 책이다. 이 책에서 코페르니쿠스는 지동설의 모든 것에 관해 설명했다. 즉, 지구를 포함한 다른 행성들이 태양을 주위로 빙글빙글 돌고 있는 우주를 설계했다. 당시의 상황으로 보아 지구가 아닌 다른 천체가 우주의 중심이라는 주장을 펼치는 것은 목숨을 내건 모험이나 다름이 없었다.

이 책의 출판은 로마 교황청에 대한 도전이자 1,300여 년 동안을 지배해왔던 천동설로부터의 해방이었다. 그리고 지구 중심의 세계관을 태양 중심의 세계관으로 바꾸는 혁명이었다. 코페르니쿠스의 책은 바로 커다란 파문을 일으켰다. 지동설을 인정하지 않는 로마 교황청은 이 책을 금지도서로 정해 책을 가지고 있는 사람을 모두 잡아 들였다. 그 후 이 책은 1835년까지 로마 교황청에서 금지도서 판정을 받았다.

천문학에 혁명을 일으킨
『천체의 회전에 관하여』

 세상에서 가장 쉬운 과학 수업 우주팽창이론

지구는 돌고 있다 _ 코페르니쿠스가 바꾼 우주의 지도

물리군　『천체의 회전에 관하여』는 어떤 책이죠?

정교수　『천체의 회전에 관하여』의 내용으로 들어가 볼게. 코페르니쿠스는 아리스토텔레스처럼 천구의 존재를 믿었어. 그리고 다음과 같이 생각했지.

"우주는 공 모양이다."

물리군　우주를 공 모양으로 생각한 특별한 이유가 있나요?

정교수　코페르니쿠스는 다음과 같이 생각했어.

공은 완전한 형태이며 태양과 달, 별도 공의 모양을 하고 있으며 같은 표면적을 가지고 있는 도형 중에서 공은 가장 부피가 크다. 자연 속에서는 물방울도 공 모양인 것을 알 수 있다. 우주의 수많은 천체를 담으려면 부피가 커야 하므로 우주도 공 모양이어야 한다.

– 『천체의 회전에 관하여』 중에서

물리군　같은 표면적을 갖는 입체도형 중에서 공의 부피가 가장 큰 이유는 뭐죠?

정교수　수학자들은 공을 '구'라고 불러.

구의 부피에 관한 공식은 고대 그리스의 아르키메데스가 처음 알아냈어. 반지름이 R인 구는 표면적이

$$4\pi R^2$$

이고 부피는

$$\frac{4}{3}\pi R^3$$

이다. 여기서 π는 원주율 3.14…를 말한다.

간단하게 같은 표면적을 가진 정육면체와 구를 비교해보자. 같은 표면적을 1이라고 두자. 정육면체의 한 변의 길이를 a라고 하면 정육면체의 표면적은

$$6a^2$$

이므로

$$6a^2 = 1$$

로부터

$$a^2 = \frac{1}{6}$$

이고

 세상에서 가장 쉬운 과학 수업 우주팽창이론

$$a = \frac{1}{\sqrt{6}}$$

이다. 이때 정육면체의 부피는

$$a^3 = \left(\frac{1}{\sqrt{6}}\right)^3 \fallingdotseq 0.068$$

이다. 이제 표면적이 1인 구의 부피를 구해보자.

$$4\pi R^2 = 1$$

이니까

$$R = \frac{1}{\sqrt{4\pi}}$$

이므로 구의 부피는

$$\frac{4}{3}\pi R^3 = \frac{4}{3}\pi\left(\frac{1}{\sqrt{4\pi}}\right)^3 \fallingdotseq 0.094$$

이다. 그러므로 같은 표면적으로 정육면체를 만드는 것보다 구를 만들면 부피가 더 커진다. 어떤 다른 입체도형을 만들어도 구보다는 부피가 작다.

이런 이유로 코페르니쿠스는 주어진 표면적을 갖는 최대 부피의 입체도형이 우주의 모양이 되어야 한다고 생각했고 그래서 우주를 공 모양이라고 생각했다.

물리군 재미있는 생각이네요.

정교수 코페르니쿠스는 지구의 모양에 대해서도 『천체의 회전에 관하여』에서 다음과 같이 서술했지.

"지구는 공 모양이다."

물리군 지구를 공 모양으로 생각한 이유는 뭐죠?

정교수 코페르니쿠스는 다음과 같이 생각했어.

지구에서 물체의 운동은 중심으로 향하는 성질이 있다. 또한 북쪽으로 여행을 하면 천구의 북극은 점점 높게 보이는 반면, 천구의 남극은 그만큼 낮게 보이게 된다. 북으로 가면 갈수록 지지 않는 별들이 더 많아지게 된다. 이런 이유로 지구는 공 모양이다.

― 『천체의 회전에 관하여』 중에서

물리군 지구에서 물체의 운동이 중심으로 향하는 성질이라는 게 뭐죠?

정교수 코페르니쿠스는 물체를 떨어뜨리면 물체가 지구의 중심 방향으로 떨어진다고 생각했어. 이것은 나중에 뉴턴이 만유인력을 알아낸 후에 증명이 되지만 코페르니쿠스는 물체의 낙하 방향이 공 모양을 한 지구의 중심 방향이라는 것을 어렴풋하게 알고 있었던 거지.

세상에서 가장 쉬운 과학 수업 우주팽창이론

코페르니쿠스는 땅과 바다가 지구의 공 모양을 만드는 이유에 대해 다음과 같이 설명했다.

땅을 둘러싼 물은 바다를 형성하여 깊고 우묵한 곳을 채운다. 물의 양은 땅의 양보다 적어야 한다. 그렇지 않으면 물이 땅을 삼켜버릴 수 있기 때문이다. 그래서 땅의 일부 구역들이 침수되지 않고 수많은 섬이 여기저기 흩어져 있으며 생명체들이 살아남을 수 있다.

– 『천체의 회전에 관하여』 중에서

물리군　잘 이해가 안 되네요.

정교수　이 내용은 과학적으로 옳은 이야기는 아니야. 그냥 코페르니쿠스의 생각일 뿐이라 여기면 돼.

코페르니쿠스는 모든 행성이 원운동을 한다고 생각했다. 그 이유에 대해 그는 다음과 같이 주장했다.

원은 시작도 끝도 없는 도형이다. 행성이 원운동을 해야만 행성은 제자리로 돌아올 수 있다. 만일 행성이 직선운동을 한다면 행성은 태양으로부터 끝없이 멀어지게 된다. 그러므로 행성들은 원운동을 한다.

– 『천체의 회전에 관하여』 중에서

코페르니쿠스는 지구가 팽이처럼 빙글빙글 도는 자전운동을 하면서 태양 주위를 원운동한다고 생각했다. 지구가 태양 주위를 원운동하는 것을 지구의 공전운동이라고 부른다.

코페르니쿠스는 별이나 행성이나 달과 같은 천체들이 영원한 수명을 가졌다고 생각했다. 그리고 이들 천체가 주기적인 운동을 한다고 생각했다. 지구의 관측자에게 하루마다 같은 현상이 관측되는 것을 일주운동이라고 하고, 일 년마다 같은 현상이 관측되는 것을 연주운동이라고 부른다. 일주운동은 지구의 자전 때문에 생기고 연주운동은 지구의 공전 때문에 생긴다.

프톨레마이오스는 지구의 자전을 믿지 않았다. 지구는 우주의 중심에 정지해 어떤 운동도 하지 않는다고 생각했다. 하지만 코페르니쿠스의 생각은 달랐다. 행성들은 태양을 중심으로 원운동을 하고 각각의 행성들은 자전한다고 생각했다. 그리고 달은 지구를 중심으로 원운동을 한다고 생각했다.

코페르니쿠스는 천구의 반지름이 상상할 수 없을 정도로 크고 그에 비하면 지구와 태양 사이의 거리는 비교할 수 없을 정도로 작다고 생각했다. 코페르니쿠스는 천구가 엄청나게 크니까 천구의 중심이 태양이지만 태양과 지구를 거의 같은 위치로 둘 수 있다고 생각했다.

코페르니쿠스는 관측자의 지평선은 무한히 확장하면 천구와 만나게 되는데, 이때 천구와의 교선은 대원이 된다는 것을 알아냈고 이 대원을 천구 지평선이라고 불렀다.

세상에서 가장 쉬운 과학 수업 우주팽창이론

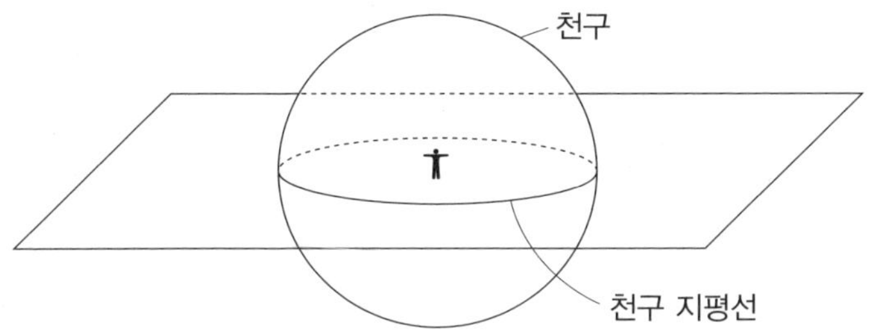

위 그림을 옆에서 보면 천구 지평선은 선으로 보이고 천구는 원처럼 보인다. 여기서 지구의 위치는 E이다.

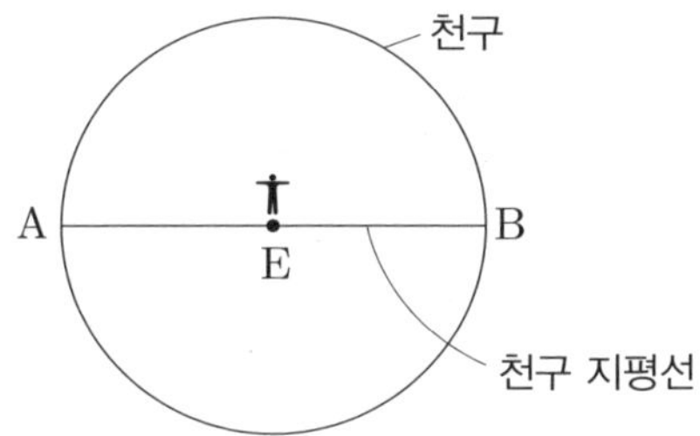

지구의 관측자에게 별이 A에서 뜨는 것으로 보이게 된다면, 별은 B에서 지는 걸로 관측된다. 이렇게 태양과 지구 사이의 거리가 천구에 비해 아주 작다고 가정하면 지구의 관측자는 모든 천체가 천구에 붙어 움직이는 것처럼 관측할 수 있게 된다.

이제 코페르니쿠스가 『천체의 회전에 관하여』에서 주장한 천체들의 배열 순서를 알아보자.

　천동설에서는 지구가 천구의 중심이고 지구에서 가장 가까운 달이 지구 주위의 원궤도 중 가장 안쪽 궤도를 돈다. 수성과 금성과 태양의 위치에 관해서는 프톨레마이오스와 그 이전 과학자들의 생각이 다르다. 플라톤은 기원전 360년경 쓴 『티마이오스』에서 지구-달-태양-수성-금성의 순서로 천체를 배열했다. 하지만 프톨레마이오스는 수성과 금성이 태양보다 안쪽 궤도를 돈다고 생각했다.

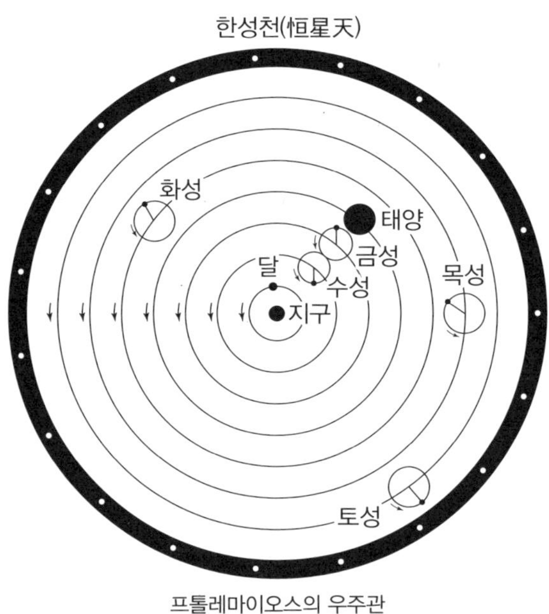

프톨레마이오스의 우주관

　코페르니쿠스는 천동설의 우주 모형에서 두 가지를 수정했다. 코페르니쿠스는 지구와 태양의 위치를 바꿨다. 그리고 달을 행성이 아닌 지구 주위를 도는 위성으로 생각했다. 그러니까 코페르니쿠스의 모형에 의하면 태양 주위를 수성-금성-지구-화성-목성-토성 순서로 원궤도가 그려지고 지구 주위를 달이 돌게 된다.

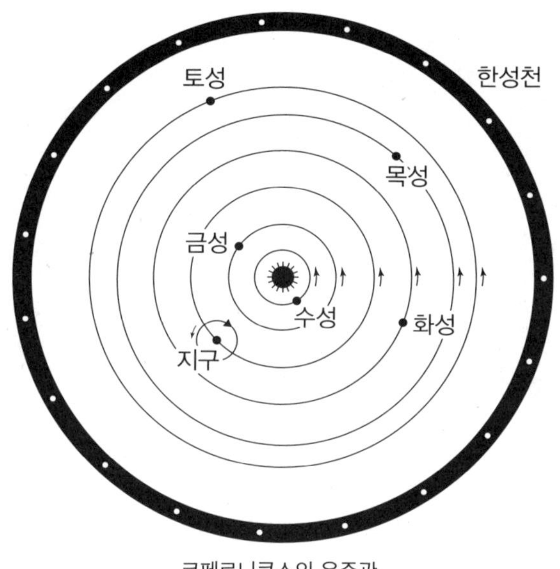

코페르니쿠스의 우주관

『천체의 회전에 관하여』에는 사계절이 생기는 이유에 대해서도 잘 나와 있다. 우리는 공 모양의 지구에 살고 있으므로 북반구의 중위도에 있는 사람은 다음 그림과 같이 지구 위에 서 있다.

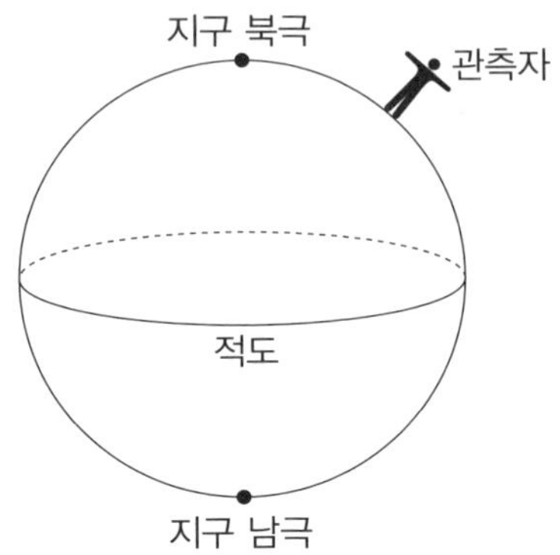

이 그림을 관측자가 똑바로 서 있도록 그리면 다음과 같다.

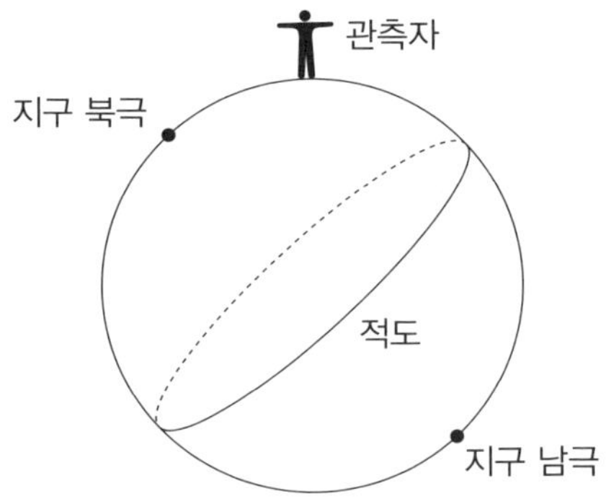

지구가 태양 주위를 돌지만 지구와 태양 사이의 거리는 천구의 반지름에 비해 너무너무 작으므로 지구를 중심으로 천구를 그릴 수 있다. 이때 관측자의 머리와 발끝을 연장한 직선을 그리고 이 직선이 천구와 만나는 점이 두 군데 생기는데, 위쪽에 생기는 점을 '천정'이라

 세상에서 가장 쉬운 과학 수업 우주팽창이론

고 부르고 아래쪽에 생기는 점을 '천저'라고 부른다.

관측자가 북반구의 중위도에 있으면 지구 북극과 지구 남극을 연결한 선분은 비스듬한 방향이 된다. 이 선분을 연장해 직선으로 만들면 천구 위의 두 점에서 만난다. 이 중 지구 북극 방향의 점을 '천구 북극'이라고 부르고 지구 남극 방향의 점을 '천구 남극'이라고 부른다. 지구 관측자의 지평선을 천구 끝까지 연장하면 천구를 절반으로 가르는 큰 원이 나타나는데, 이것을 '천구 지평선'이라고 부른다. 천구 지평선이 천구와 만나는 점과 천정과 천저를 지나는 큰 원을 '자오선'이라고 부른다. 이것을 그림으로 그리면 다음과 같다.

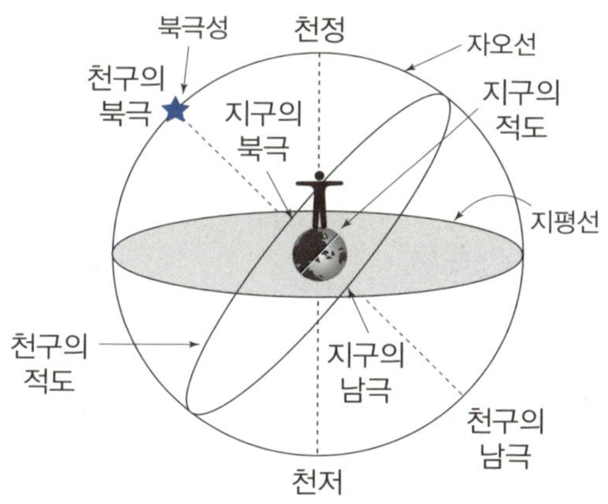

지구가 태양 주위를 도는 궤도면을 '공전궤도면'이라고 부른다. 그런데 지구는 태양 주위를 돌면서 자전한다. 이때 자전축은 공전궤도면과 수직이 아니라 23.5° 기울어져 있다.

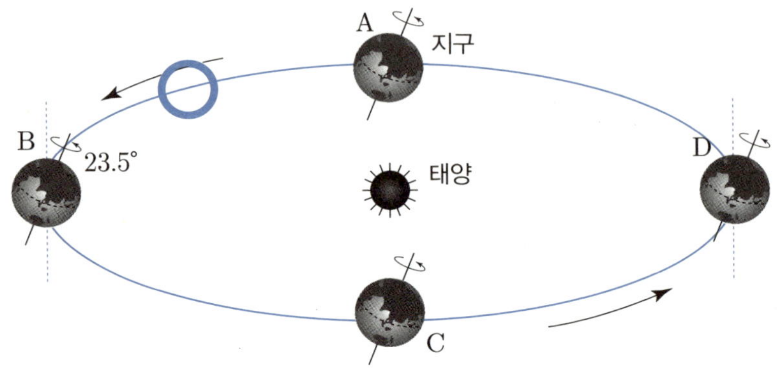

북반구에 있는 사람은 지구가 A 위치에 있을 때가 봄, B 위치에 있을 때가 여름, C 위치에 있을 때가 가을, D 위치에 있을 때가 겨울이다. 왜 그런지 알아보자. 예를 들어 지구가 B의 위치에 있을 때를 생각하면 다음 그림과 같다.

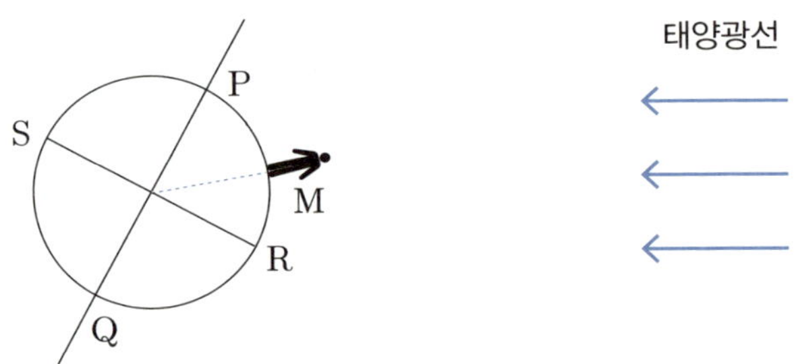

관측자는 북반구의 한 점 M에 서 있고 PQ는 지구의 자전축이고 SR은 지구의 적도이다. 이때 관측자에게 오는 태양광선을 그리면 다음과 같다.

 세상에서 가장 쉬운 과학 수업 우주팽창이론

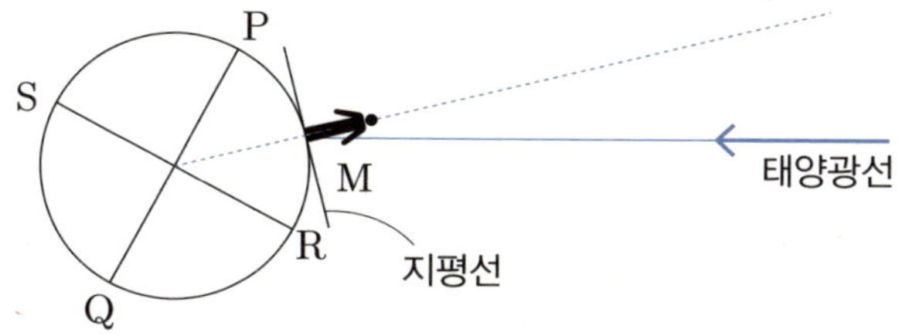

이 그림은 다음 그림과 같다.

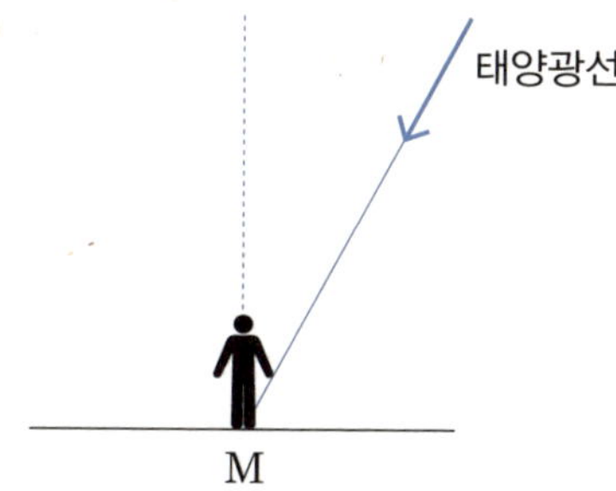

태양이 높은 곳에 있으니까 이 계절은 여름이 된다. 이번에는 지구의 위치가 D일 때를 보자.

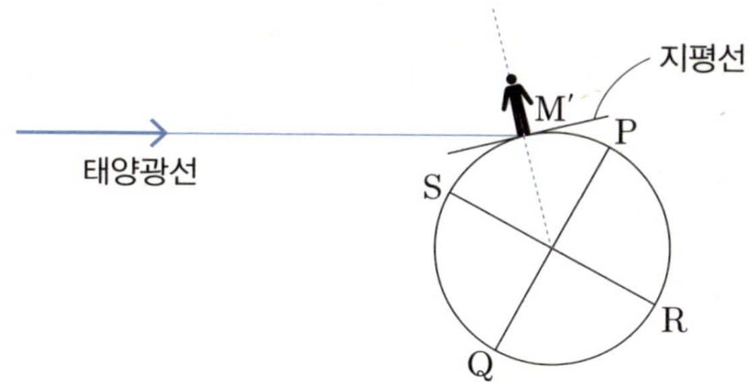

이 그림은 다음과 같이 그릴 수 있다.

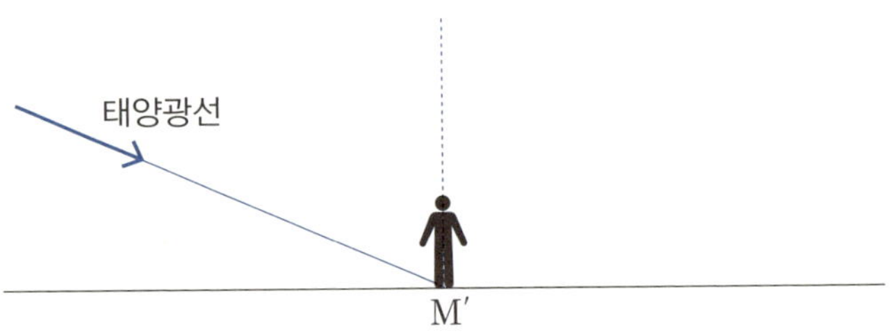

태양이 낮게 떠 있으니까 이 계절은 겨울이 된다.

행성들은 대개 서에서 동으로 도는데, 가끔씩 화성이 동에서 서로 도는 현상이 관측되기도 한다. 코페르니쿠스는 태양 중심의 우주 모형을 세우고 이러한 현상은 행성과 태양과의 거리가 다르고 지구가 먼 거리에 있는 행성보다 더 빨리 태양 주위를 돌기 때문에 행성이 거꾸로 도는 것처럼 보인다고 믿었다.

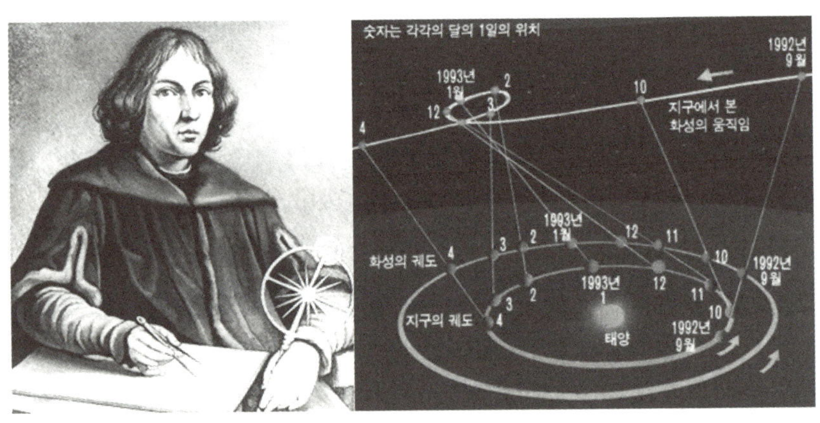

화성의 역행운동을 해결한 코페르니쿠스

                    세상에서 가장 쉬운 과학 수업 우주팽창이론

또한 코페르니쿠스는 금성의 모양 변화를 자세히 관측함으로써 천동설로는 금성의 모양 변화를 제대로 설명할 수 없다는 것을 알아냈다. 금성은 달처럼 초승달, 반달, 보름달처럼 변하는데, 천동설로는 금성이 반달이나 보름달처럼 관측되는 것을 설명할 수 없었다. 하지만 지동설로는 금성이 지구 주위를 돌기 때문에 초승달 모양뿐 아니라 반달이나 보름달 모양의 금성이 관측되는 것도 설명할 수 있었다.

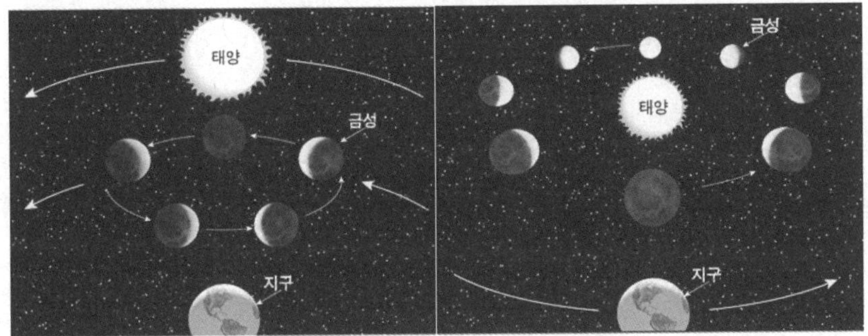

천동설과 지동설 측면에서 본 금성의 운동

두 번째 만남

•

우주의 문을 연 선구자들

초신성을 발견한 튀코 브라헤 _ 망원경 없이 별을 관찰하다

정교수 망원경이 발명되기 전에 가장 훌륭한 천문학적인 관측 결과를 남긴 사람은 덴마크-노르웨이의 천문학자 튀코 브라헤야. 그의 수많은 관측 결과들은 훗날 케플러가 행성의 운동에 대한 케플러 법칙을 만드는 데 크게 기여하게 되지.

튀코 브라헤(Tycho Brahe, 1546~1601, 덴마크-노르웨이)

튀코 브라헤는 덴마크-노르웨이 왕국에서 가장 영향력 있는 귀족 가문의 후계자로 태어났다. 그의 아버지와 할아버지와 증조할아버지 모두 덴마크 왕의 추밀원 의원으로 활동했다.

브라헤는 1546년 크누트스토르프성(Knutstorp Castle)에서 태어났다. 그는 12명의 형제자매 중 맏이였지만 겨우 두 살이었을 때, 삼촌인 요르겐 티게센 브라헤(Jørgen Thygesen Brahe)에게 맡겨져 양육되었다.

세상에서 가장 쉬운 과학 수업 우주팽창이론

1586년 튀코 브라헤의 초상화

크누트스토르프성

6세부터 12세까지 브라헤는 라틴어 학교에 다녔고 1559년에는 코펜하겐 대학에서 공부를 시작했다. 그곳에서 그는 삼촌의 뜻에 따라 법학을 공부했지만 다른 여러 과목도 공부하고 무엇보다 천문학에 관심을 두게 되었다.

코펜하겐 대학

열네 살이 되던 해 브라헤는 처음으로 일식을 눈으로 직접 보게 되었다. 그리고 많은 천문학책을 뒤져 일식이 언제 일어나는지를 예측할 수 있다는 것을 알게 되었다.

삼촌인 요르겐 티게센 브라헤는 1562년 초에 튀코 브라헤를 유럽의 다른 나라에 보내 심도 있는 공부를 할 수 있게 했다. 독일 라이프치히 대학에서 공부하는 동안 천문학에 관한 브라헤의 관심은 더욱 높아졌다. 1563년에 그는 목성과 토성의 밀접한 결합을 관찰하고 결합을 예측하는 데 사용된 코페르니쿠스와 프톨레마이오스 표가 정확

세상에서 가장 쉬운 과학 수업 우주팽창이론

하지 않다는 것을 알게 되었다. 이로 인해 그는 천문학의 진보를 위해서는 구할 수 있는 가장 정확한 도구를 사용하여 밤마다 체계적이고 엄격한 관찰이 필요하다는 것을 깨닫게 되었다. 그는 자신의 모든 천문학적 관측에 대한 상세한 일지를 작성하기 시작했다.

1566년 브라헤는 독일 로스토크 대학으로 유학을 떠났다. 그곳에서 그는 대학 내에 있는 의과 대학의 전공 교수들과 함께 공부하면서 연금술과 약초에 관심을 두게 되었다. 1566년 12월 29일, 그는 20세의 나이로 삼촌인 만더럽 파르스베르크와 누가 더 뛰어난 수학자인지를 놓고 검술 결투를 벌이다가 콧등을 잃어 평생 인공 코를 착용해야 했다.

독일의 아우크스부르크에서 지내던 1570년 봄, 브라헤는 천체관측기구인 대사분의를 만들었다. 대사분의는 지름이 5.5m나 되는 대형 기구였다. 대사분의는 놋쇠로 만든 눈금띠와 눈금을 읽기 위해 수직으로 매달아 놓은 놋쇠 추를 제외한 모든 부분은 오크나무로 제작되었다.

두 달 동안 튀코 브라헤는 대사분의로 별과 행성을 관측

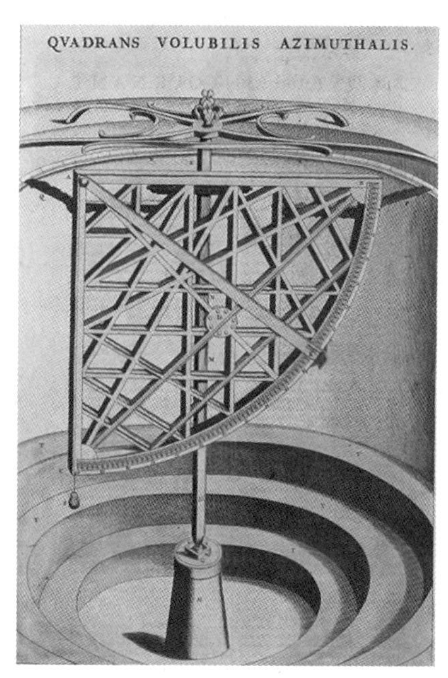

튀코 브라헤의 대사분의

하고 관측한 내용을 기록하고 다시 대사분의의 위치를 바꾸는 일을 반복했다. 대사분의는 너무 무겁고 커서 위치를 조정할 때마다 엄청난 노동에 시달려야 했다.

1572년 11월 11일, 튀코 브라헤는 헤레바드 수도원에서 매우 밝은 별을 관측했는데, 이 별은 예기치 않게 카시오페이아 별자리에 나타났다. 그러나 천구에 붙어 있는 별들은 새로 생겨나지도 않고 사라지지도 않는다는 고대 천문학적 지식을 갖고 있던 튀코 브라헤는 이 사실이 믿어지지 않았다. 그는 자신의 하인들과 길을 지나가는 농부에게 자신이 새로 발견한 별에 대한 증인이 되어 달라고 부탁하기까지 했다.

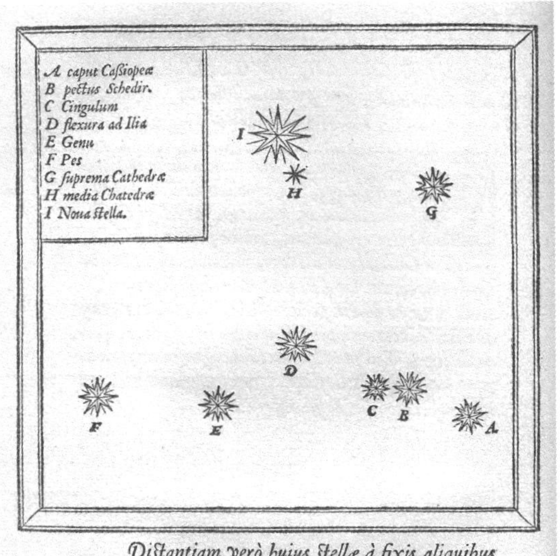

튀코 브라헤의 관측 노트. I가 초신성

　　　　　　세상에서 가장 쉬운 과학 수업 우주팽창이론

　튀코 브라헤는 이것이 과연 새로운 별인지 아니면 혜성이나 행성인지 좀 더 면밀하게 관측해보기로 했다. 그래서 팔의 길이가 1.68m 되는 육분의를 이용하여 며칠 밤을 꼬박 새워 이 별을 관측했다. 각도의 단위로 1도의 60분의 1을 분이라고 하는데, 육분의는 1분 단위로 눈금이 새겨져 있어 비교적 정밀한 관측이 가능했다.

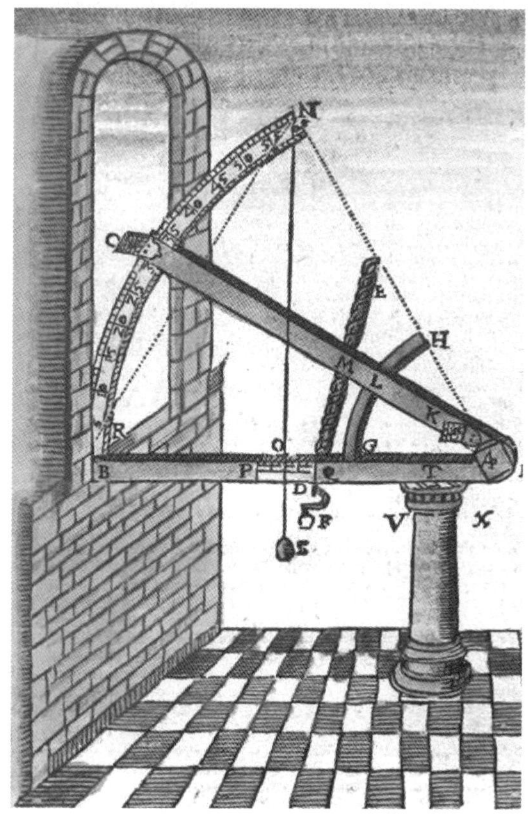

튀코 브라헤의 육분의

튀코 브라헤가 발견한 것은 행성이 아니었다. 행성이라면 관측할 때마다 위치가 조금씩 달라져야 하는데, 제 자리에 정지해 있는 것으로 보아 이것은 새로운 별이 틀림없었다. 튀코 브라헤는 이 별을 '신성(Nova)'이라고 불렀다. 이 이름은 훗날 '초신성(Super nova)'으로 바뀌게 된다.

새로운 별의 발견에 대한 확신을 가진 튀코 브라헤는 1573년 이 별의 관측 내용을 담은 『신성에 대하여(De nova stella)』라는 책을 출간했다. 이 책에는 새로운 별의 발견에 관한 내용뿐 아니라 달력 계산법, 점성술 등의 여러 내용을 담고 있다. 이 책은 많은 사람에게 알려졌고, 이로 인해 튀코 브라헤는 유럽의 유명인사가 되었다.

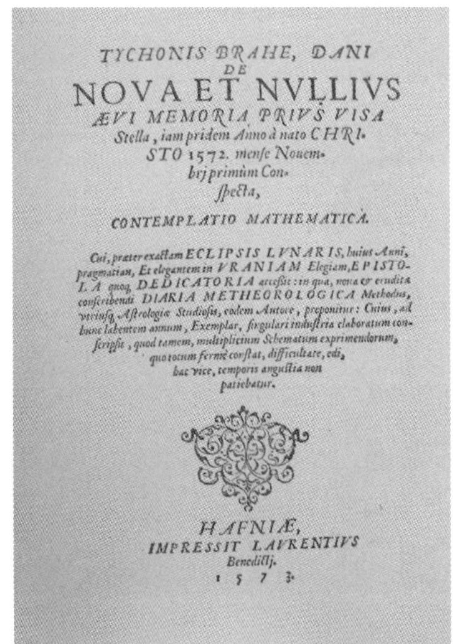

튀코 브라헤의 책 『신성에 대하여
(De Nova Stella)』

 세상에서 가장 쉬운 과학 수업 우주팽창이론

튀코 브라헤의 명성을 들은 덴마크-노르웨이 국왕 프레데리크 2
세는 그에서 왕립 천문학자의 지위를 주고 여러 개의 성을 주겠다며
그에게 고국에 돌아와 봉사해달라고 부탁했다. 하지만 튀코 브라헤
는 성주가 되는 것은 천문 관측에 방해가 된다며 왕의 제안을 정중
히 거절했다. 그러자 프레데리크 2세는 1576년 코펜하겐 해안에 있
는 벤이라는 이름의 섬을 튀코 브라헤에게 주었고, 튀코 브라헤는 그
섬에 '하늘의 도시' 혹은 '하늘의 성'이라는 뜻을 가진 '우라니보르그
(Uraniborg)'라는 이름의 천문대를 건설했다.

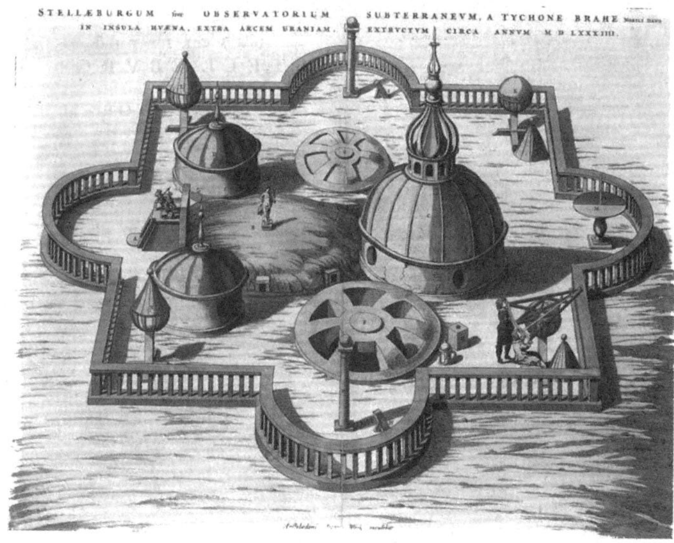

우라니보르그
천문대 조감도

앞에서 본 우라니보르그

그때부터 20년 동안 브라헤는 우라니보르그에서 천체를 관측하고 연구했다. 그는 1577년 11월부터 1578년 1월까지 북쪽 하늘에서 볼 수 있는 거대한 혜성을 관측했다. 브라헤는 혜성에서 지구까지의 거리가 달까지의 거리보다 훨씬 멀다는 것을 알아냈다. 또 혜성의 꼬리가 항상 태양에서 멀어지고 있다는 것도 발견했다. 밤마다 혜성을 관측한 브라헤는 혜성이 지구에

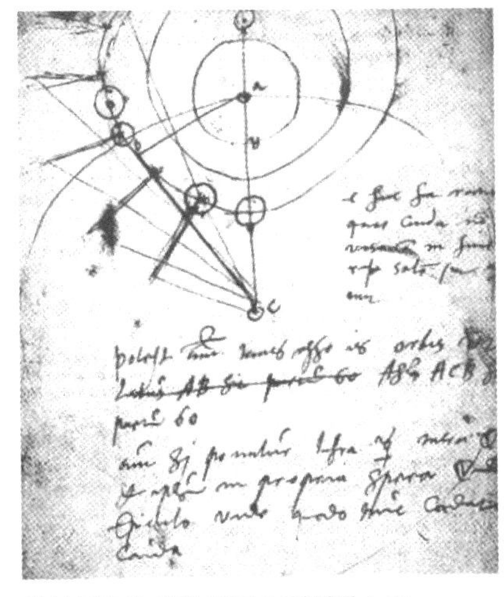

혜성 관측에 대한 튀코 브라헤의 노트

세상에서 가장 쉬운 과학 수업 우주팽창이론

가장 가까이 접근하는 거리를 지구 반지름의 약 230배로 추정했다.

1588년 프레데리크 2세가 죽었을 때, 그의 아들이자 후계자인 크리스티안 4세는 겨우 11세였다. 1596년 대관식이 거행될 때까지 젊은 왕자를 위한 섭정위원회가 만들어졌고 그 책임자는 평의회의 수장 크리스토퍼 발켄도르프(Christoffer Valkendorff)였다. 발켄도르프는 브라헤와 사이가 좋지 않았고 이때부터 우라니보르그에 대한 왕실 지원이 줄어들었다.

튀코 브라헤가 운영했던 우라니보르그 천문대 내부를 묘사한 삽화

1597년 튀코 브라헤는 우라니보르그를 떠나 독일 함부르크 외곽의 반츠베크(Wandsbek)에 있는 친구 하인리히 란차우(Heinrich

Rantzau)의 성에서 1년을 보냈다. 1598년 그는 별 목록에 관한 책
『Astronomiae instauratae Progymnasmata』를 출간했다.[2]

튀코 브라헤의 책 『Astronomiae instauratae Progymnasmata』

1599년 튀코 브라헤는 신성로마제국 황제 루돌프 2세의 후원을
받아 프라하로 이주하여 황실 천문학자가 되었다. 그는 프라하에서
50km 떨어진 베나트키 나드 지제로우의 성에 새로운 천문대를 지었
다. 이후 튀코 브라헤는 죽을 때까지 프라하에서 살았다.

---

2) Tychonis Brahe, 『Astronomiae Instauratae Progymnasmata』, Prague, 1602.

 세상에서 가장 쉬운 과학 수업 우주팽창이론

케플러가 발견한 우주의 법칙 _ 우주를 타원으로 그리다

정교수　행성이 태양을 중심으로 원운동을 하지 않는다는 것을 처음 알아낸 사람은 독일의 천문학자 케플러야. 그는 행성의 움직임을 면밀하게 관측한 결과 행성이 태양을 한 초점으로 하는 타원궤도를 따라 움직인다는 것을 알아냈는데, 이것이 바로 유명한 케플러 법칙이지.

요하네스 케플러
(Johannes Kepler, 1571~1630, 독일)

케플러는 1571년 독일의 바일 데어 슈타트(Weil der Stadt)라는 작은 마을에서 태어났다. 그의 할아버지 세발트 케플러(Sebald Kepler)는 이 도시의 시장이었다. 그는 어릴 때부터 몸이 약하고 병이 잦은 아이였다.

여섯 살 때인 1577년 케플러는 혜성을 처음 보았고, 이것이 그의 천문학에 대한 관심을 불러일으켰다. 1580년, 아홉 살의 나이에 그는

또 다른 천문학적 현상인 월식을 관찰했고 달이 "꽤 붉게 보였다"고
기록했다.

1577년 11월 12일 프라하 상공에서 본 대혜성을 표현한 그림

1589년 케플러는 뷔르템베르크에 있는 마울브론(Maulbronn) 신
학교에 들어갔고 열아홉 살에 튀빙겐 대학에 들어갔다. 대학 시절 신
학을 전공했지만 케플러는 틈틈이 수학을 공부했고 이때 천문학자인
마에슬린(Michael Maestlin) 교수에게 코페르니쿠스의 지동설에 대
해 배웠다. 마에슬린 교수는 수학에 천부적인 재능을 보인 케플러를
총애했다.

 세상에서 가장 쉬운 과학 수업 우주팽창이론

　1594년 케플러는 오스트리아 그라츠 대학의 수학 교수가 되었다. 이 시절 케플러는 정다면체를 적용한 우주의 모습을 떠올리고 1596년『우주의 신비』라는 책을 출간했다.[3]

　케플러는 이 책에서 행성의 개수를 기초로 태양중심설을 증명하려고 노력했다. 프톨레마이오스 우주 모형에서는 달이 행성으로 취급되어 일곱 개의 행성이 있었다. 그러나 코페르니쿠스 우주 모형에서는 달을 제외한 여섯 개의 행성이 존재한다. 케플러는 신이 태양을 중심으로 여섯 개의 행성을 가진 우주를 만들었다고 생각했다. 이 세상에는 다섯 가지의 정다면체가 존재하는데, 행성 사이에 다섯 개의 정다면체를 적용하면 행성 사이의 거리는 정다면체에 의해서 결정된다는 것이다.

토성과 목성 사이: 정육면체
목성과 화성 사이: 정사면체
화성과 지구 사이: 정십이면체
지구와 금성 사이: 정이십면체
금성과 수성 사이: 정팔면체

　케플러의 이러한 생각은 잘못된 것임이 후일 밝혀졌지만, 당시에는 매우 기발한 아이디어로 받아들여졌다.

---

3) Johannes Kepler, 『Mysterium Cosmographicum』, The Sacred Mystery of the Cosmos, 1596.

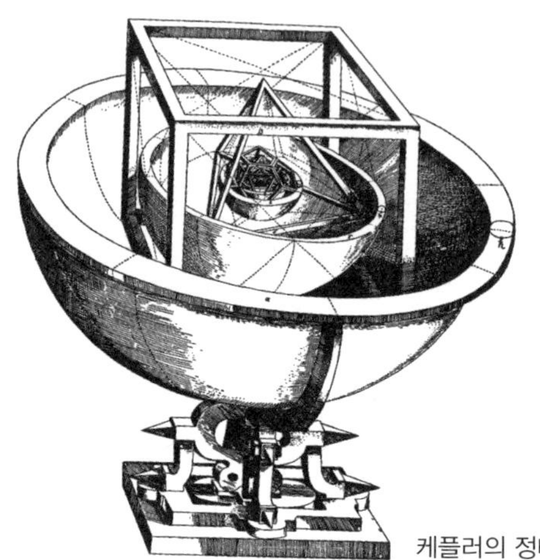

케플러의 정다면체 우주 모형

1600년 케플러는 튀코 브라헤의 조수가 되어 체코의 프라하에서 일하게 되었다. 튀코 브라헤는 케플러에게 화성 궤도에 대한 자료를 주며 화성 궤도에 관해 연구하게 했다. 튀코 브라헤가 죽고 왕궁 천문학자가 된 케플러는 여전히 화성의 신비스러운 궤도를 찾는 일에 몰두했다.

케플러는 화성 궤도에 대한 튀코 브라헤의 자료를 면밀하게 검토했다. 그는 화성의 정확한 궤도를 그려보려고 했다. 하지만 화성이 원 궤도를 그릴 때 브라헤의 관측 결과와는 일치하지 않았다.

4년 동안 화성의 원궤도를 찾지 못한 케플러는 화성의 궤도가 반드시 원이어야 한다는 생각을 버리고 다른 곡선의 궤도를 따라 움직일지도 모른다는 생각을 가지게 되었다. 이렇게 하여 그는 화성의 궤도가 태양을 한 초점으로 하는 타원궤도를 그린다는 사실을 알아냈

     세상에서 가장 쉬운 과학 수업 우주팽창이론

는데, 이것이 바로 케플러 제1 법칙이다.

케플러 제1 법칙

행성들은 태양을 한 초점으로 하는 타원궤도를 그리면서 태양 주위를 돈다.

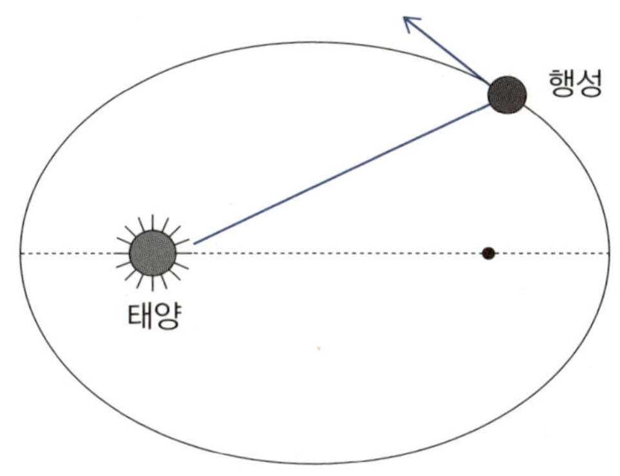

그 후 케플러는 행성들이 태양 주위를 돌 때 항상 같은 빠르기로 움직이지 않음을 확인했다. 튀코 브라헤의 자료를 관측한 결과, 행성들은 태양에 가까울 때는 빠르게 돌고 태양에서 멀어지면 천천히 움직인다는 사실을 발견하는데, 이것이 바로 케플러 제2 법칙이다.

케플러의 제2 법칙

행성이 같은 시간 동안에 움직여 만드는 부채꼴 면적은 언제나 같다.

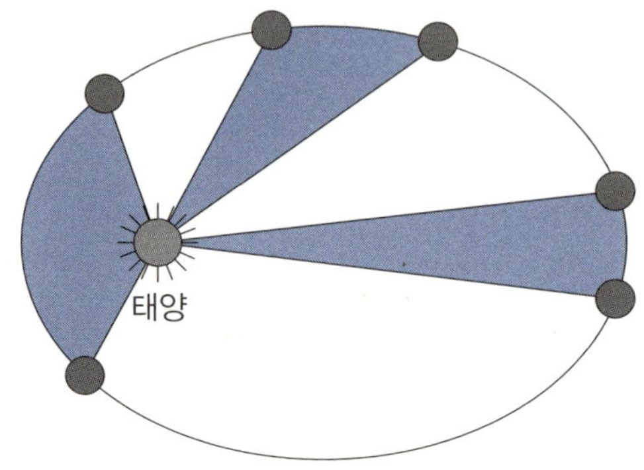

케플러는 자신의 제1, 제2 법칙을 1609년 그의 저서 『새로운 천문학』에 발표했다.[4]

그 후 10년 뒤인 1619년 케플러는 행성의 운동에 대한 마지막 법칙인 케플러 제3 법칙을 발표하게 되는데, 그것은 행성이 태양 주위를 한 바퀴 도는 데 걸리는 시간(주기)과 타원궤도의 긴 반지름 사이의 관계였다. 그는 제3 법칙을 그의 두 번째 저서인 『우주의 조화』에 발표했다.[5]

케플러의 제3 법칙

행성의 궤도운동 주기의 제곱은 타원의 긴 반지름의 세제곱에 비례한다.

4) Johannes Kepler, 『Astronomia nova』, New Astronomy, 1609.

5) Johannes Kepler, 『Harmonice Mundi』, The Harmony of the World, 1619.

즉 태양계의 행성들인 수성, 금성, 지구, 화성, 목성, 토성 등에 대해 주기(T)와 타원궤도의 긴 반지름은 모두 다르지만 주기의 제곱을 장반경의 세제곱으로 나눈 값은 어떤 행성에 대해서도 일치한다는 것이다. 케플러는 이 법칙을 이용하여 행성의 공전주기로부터 공전 궤도를 정확하게 결정할 수 있었다.

케플러의 제3 법칙이 발표된 『우주의 조화』

『우주의 조화』에는 재미있는 내용도 들어 있다. 케플러는 『우주의 조화』에서 행성들이 음악을 연주한다고 주장했다. 그는 각 행성이 회전하는 속도에 따라 다양한 소리를 내며 우주는 이들이 만들어낸 소리로 가득 찬 오케스트라 연주를 한다고 생각한 것이다.

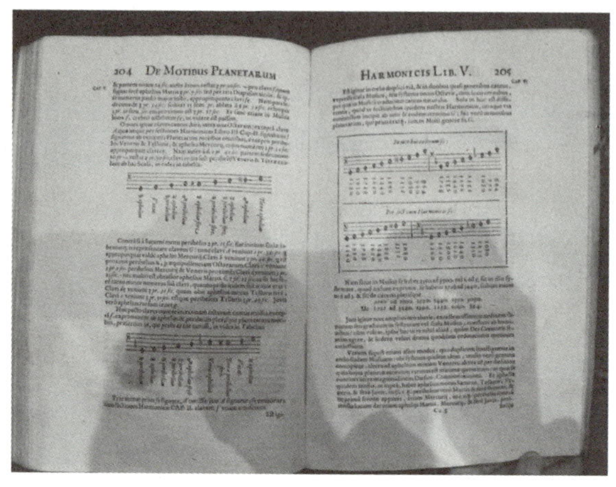

행성의 운동을 음악으로
설명한 『우주의 조화』

부르노의 위험한 상상 _ "하늘은 닫혀 있지 않다"

정교수 이번에는 지동설의 옹호자이면서 우주가 여러 개 있다는 것
을 처음 주장한 이탈리아의 부르노 이야기를 해볼게.

조르다노 브루노
(Giordano Bruno, 1548~1600, 이탈리아)

세상에서 가장 쉬운 과학 수업 우주팽창이론

부르노는 1548년 나폴리왕국의 놀라에서 태어났다. 젊었을 때 그는 나폴리의 아우구스티누스 수도원에서 공부했고 17세에 산 도메니코 마 조레 수도원에서 도미니코 수도회에 입회했다. 그는 그곳에서 학업을 계속하여 수련기를 마치고 1572년 24세의 나이로 사제로 서품되었다. 브루노는 라틴어와 그리스어에 능통했고 철학이나 마술, 점성술에도 관심이 많았다.

브루노가 태어난 나폴리 왕국은 이탈리아반도의 남쪽에 위치해 있다.

브루노는 우주에 대한 수많은 이론을 공부한 후, 아리스토텔레스와 프톨레마이오스의 천동설에 회의를 지니게 되었다. 결국 그는 코페르니쿠스의 지동설에 대한 열렬한 지지자가 되었고 더 나아가 새로운 우주 모형을 제시했다. 우선 그는 별들이 천구에 고정되어 있고 천구가 회전하기 때문에 별들이 회전한다는 천동설의 이론을 거부했다. 대신에 그는 별이 회전하는 것처럼 보이는 것은 지구가 자전하므로 생기는 현상이라고 주장했다.

브루노는 천동설에서 주장하는, 지구를 중심으로 하는 커다란 공(천구)에 대한 아이디어를 거부했다. 대신에 그는 우주는 천구에 의해 유한한 크기를 갖는 것이 아니라 무한한 크기를 가지고 있다고 주장했다. 그는 아리스토텔레스의 천구 개념에 관해 자신의 책 『무한우주와 여러 세계에 관하여』에서 "만일 아리스토텔레스 말대로 우주가 천구에 의해 닫혀 있고 그 바깥에 아무것도 없다면 우리가 천구에 가서 팔을 천구 밖으로 뻗으면 그 팔은 존재하는 것인가? 존재하지 않는 것인가?"라고 말하며 아리스토텔레스의 천구 개념을 강하게 부정하였다.

브루노는 무한한 우주가 '에테르'라고 부르는 물질로 가득 채워져 있고 에테르는 어떠한 저항도 일으키지 않기 때문에 지구나 달이나 별이 회전운동을 하는 데 지장을 주지 않는다고 생각했다. 그는 또 우주가 무한할 뿐만 아니라 균일하다고 주장했다. 우주가 균일하다는 생각은 훗날 우주 원리라는 형태로 현대의 우주론에 큰 영향을 끼쳤다.

여기에서 브루노는 로마 교황청의 미움을 사게 되는 이론을 발표하게 된다. 브루노는 우주가 균일하므로 우주에는 무한히 많은 태양

　　　세상에서 가장 쉬운 과학 수업 우주팽창이론

계가 있다고 주장했다. 그는 하나의 태양계에 한 명의 하나님이 존재하므로 무한한 우주에는 무한히 많은 하나님이 존재한다고 주장했다. 브루노의 이러한 생각은 로마 교황청의 미움을 사게 되었고 결국 그는 1591년 베네치아 공화국에서 체포되어 7년 동안 감옥 생활을 했다. 로마 교황청에서는 그에 대한 종교재판을 열어 신에 대한 불경죄로 그를 화형에 처할 것을 결정했다.

종교재판을 받는 브루노

브루노는 1600년 2월 17일 로마에서 공개적으로 화형에 처해졌다. 화형을 당할 때 그는 "말뚝에 묶여 있는 나보다 나를 묶고 불을 붙이려 하는 당신들 쪽이 더 공포에 떨고 있다"라고 소리쳐 자신의 무한우주에 대한 소신을 굽히지 않았다.

브루노가 처형된 장소인
로마의 캄포 데 피오리
(Campo de' Fiori)에 있
는 기념비

세상에서 가장 쉬운 과학 수업 우주팽창이론

세 번째 만남

행성과 은하의 발견

별들이 태어나고 사라지는 곳 _성간물질, 그 놀라운 세계

정교수 우주팽창을 이야기하려면 우주를 구성하는 물질 등에 관해 이야기할 필요가 있어.

물리군 항성, 행성, 위성을 말하는 건가요?

정교수 그것들도 우주를 이루지만 항성이나 행성이나 위성이 되지 못하고 우주를 떠돌아다니는 물질도 있어. 그러한 물질을 성간물질이라고 부르지.

성간물질은 일반적으로 99%의 기체 입자와 1%의 우주먼지로 구성되어 있다. 성간물질의 밀도는 매우 낮아서, 일반적으로 1㎤에 몇 개에서 몇백 개 정도의 입자가 존재하는 수준이다. 성간물질을 이루는 기체 입자는 대략 90%의 수소와 10%의 헬륨으로 이루어져 있다.

정교수 이제 성운, 성단, 은하에 대해 알려줄게. 성운은 성간물질들이 모여 있어 구름처럼 보이는 곳을 말해. 성운에는 산광성운, 행성상성운, 암흑성운, 초신성 잔해 등이 있지.

산광성운

 세상에서 가장 쉬운 과학 수업 우주팽창이론

산광성운은 성간물질이 항성의 빛을 반사해 밝게 보이는 성운을
말한다. 대표적인 산광성운으로는 오리온자리 대성운이 있다.

오리온자리 대성운

행성상성운은 붉은 거성이 생명을 다해 백색왜성이 되기 전 자신
의 외피층을 강력한 항성풍으로 우주 공간에 대량으로 방출하면서
만들어지는 성운을 말한다.

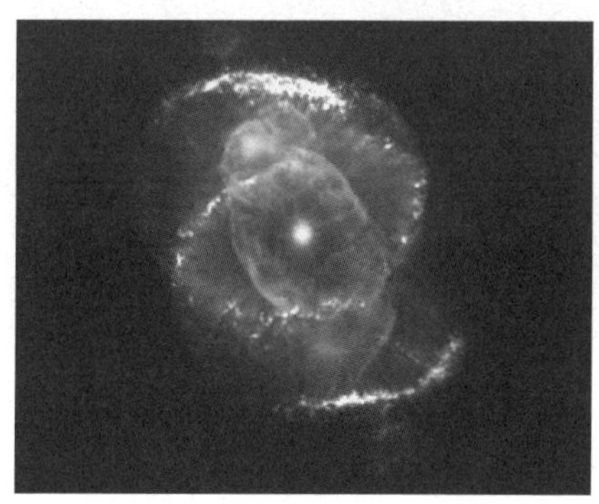

행성상성운

대표적인 행성상성운으로는 M57, NGC6720 M27, M97, NGC7293, NGC3242, NGC7009, NGC2392가 있다.

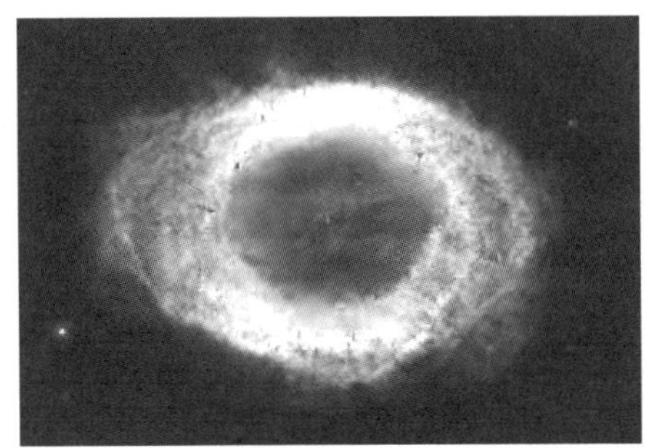

M57

암흑성운은 스스로 빛을 발하지 않고 항성이 발하는 빛을 반사하지 않거나 흡수하여 어둡게 보이는 성운을 말한다.

암흑성운

대표적인 암흑성운으로는 오리온자리의 말머리성운이 있다.

세상에서 가장 쉬운 과학 수업 우주팽창이론

오리온자리의 말머리성운

태양보다 훨씬 무거운 별은 죽으면서 초신성 폭발을 하는데, 이때 성간물질이 튀어나가 성운을 이루게 된다. 이렇게 만들어진 성운은 '초신성 잔해'라고 부른다. 대표적인 초신성 잔해로는 게성운이 있다.

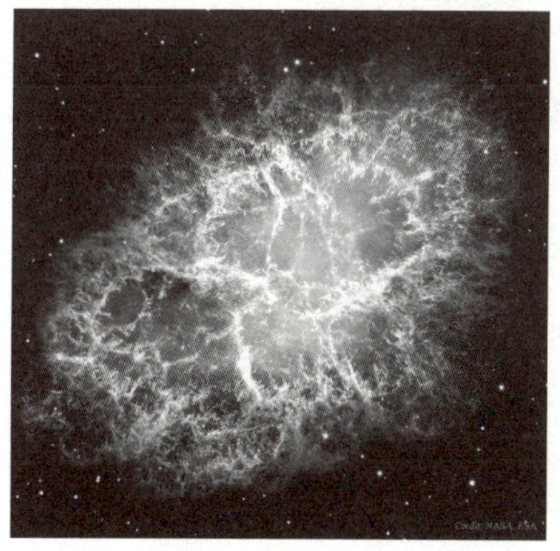

게성운

물리군   성운의 사진들이 화려하네요.

정교수 그렇지? 이제 성단과 은하에 대해 알아볼게. 성단과 은하가 항성들로 이루어져 있다는 점은 같아. 성단과 은하의 차이는 규모의 차이야.

물리군 어떤 규모를 말하는 거죠?

정교수 얼마나 많은 항성이 모여 있는지를 말해. 수십만 개 정도의 항성이 모여 있는 집단을 '성단'이라고 부르고 수천억 개의 항성이 모여 있는 집단을 '은하'라고 불러.

수백 개의 젊은 항성이 드문드문 모여 있는 성단을 '산개성단'이라고 부르는데, 황소자리의 프레아데스성단이 대표적인 산개성단이다.

프레아데스성단

비교적 늙은 별들이 구 모양을 이루는 성단을 '구상성단'이라고 부른다. 대표적인 구상성단으로는 메시에 80이 있다.

 세상에서 가장 쉬운 과학 수업 우주팽창이론

메시에 80

물리군   정말 공 모양이군요.

허셜과 캐롤라인의 별 관측기 _ 은하수의 정체를 밝히다

정교수   이제 태양과 지구가 속해 있는 우리 은하가 발견되기까지의 역사를 살펴볼게.

어두운 밤하늘을 보면 하늘을 가로질러 한쪽 지평선에서 반대쪽 지평선으로 이어지는 희미한 흰색의 띠가 있다. 이것은 수십억 개의 별들이 만드는 우리 은하의 일부분인데, 이것이 물처럼 흘러가는 것처럼 보여 '은하수'라고 부른다. 은하수는 한여름에 백조자리 근처에서 더 잘 보이고 북반구보다는 남반구에서 더 잘 보이며 구름이 없을 때 더 잘 보인다.

은하수

그리스의 철학자 아낙사고라스(기원전 500~기원전 428)와 데모크리토스(기원전 450~기원전 370)는 은하수가 멀리 있는 별들로 이루어져 있다고 생각했다. 아리스토텔레스(기원전 384~기원전 322)는 은하수가 서로 가까이 있는 거대한 별들의 폭발로 만들어졌다고 믿었다.

은하수가 많은 별로 이루어진 것에 대한 실제 증거는 1610년 갈릴레오 갈릴레이가 찾아냈다. 그는 은하수를 연구하기 위해 망원경을 사용했고, 그것이 무수히 많은 희미한 별들로 이루어져 있음을 확인했다.

하지만 우리 은하의 모습을 처음 알아낸 사람은 독일의 천문학자 허셜이다.

허셜은 1738년 독일 하노버에서 군악대의 오보에 연주자였던 아이작 허셜의 아들로 태어났다. 허셜의 아버지는 허셜을 훌륭한 연주자로 만들기 위해 아주 엄격하게 음악 교육을 시켰다. 그래서 연주하다가 조금만 틀려도 허셜은 아버지에게 크게 혼나곤 했다. 허셜은 오보에 외에도 바이올린과 하프시코드를 연주했고 나중에는 오르간도 연주했다. 허셜은 24개의 교향곡과 많은 협주곡, 일부 교회 음악을 포함하여 수많은 음악 작품을 작곡했다.

월리엄 허셜(Frederick William Herschel, 1738~1822, 독일)

허셜이 작곡한 교향곡
15번 마장조 원본(1762)

허셜의 아버지는 허셜에게 지구본을 사주면서 음악을 공부하는 틈틈이 우주에 대한 많은 이야기를 들려주었다. 허셜의 아버지는 허셜에게 지구가 태양의 주위를 도는 세 번째 행성이라는 것과 태양과 지구 사이에 만유인력이라는 힘이 작용하여 지구가 태양 주위를 원을 그리며 돌 수 있다는 것도 알려주었다.

1752년 14세가 된 허셜은 아버지가 일하고 있는 군악대에 들어갔다. 군악대의 일원이 된 후에도 아버지의 엄격한 음악교육은 계속되었다. 1755년 프랑스와 영국이 전쟁을 시작하였고 독일은 영국을 도와 치열한 전투에 참여하게 되었다. 그러자 허셜은 전쟁을 피해 1757년 형 야콥과 함께 대음악가를 꿈꾸며 영국으로 건너갔는데, 꿈과는 달리 일거리가 좀처럼 생기지 않았다. 그 후 형은 오케스트라의 일원이 되었고 허셜은 악보를 베끼는 일로 생활을 겨우 해나갈 수 있을 정도의 적은 돈을 벌었다. 그러나 5년 후 허셜은 음악가로서 인정을 받아 작은 교회에서 상류 계급 사람들 앞에서 오르간을 칠 수 있게 되었다.

음악 교사가 되어 생활이 안정되고 그의 나이 30세가 되어갈 무렵, 허셜은 점점 음악에 대한 열정이 식었다. 대신 어린 시절 아버지에게 배웠던 천문학에 대한 관심이 커졌다. 맨 처음에는 페르크손이 쓴 『천문학』이란 책으로 공부했는데, 그 책 속에는 은하 등 망원경을 사용하여 발견한 여러 내용이 씌어 있었다. 허셜은 망원경을 만들어 남들이 발견하지 못했던 새로운 별을 찾고 싶었다. 허셜이 망원경을 만들기 시작한 무렵에 여동생 캐롤라인이 와서 천문학을 같이 공부하면서 그를 도와주었다.

     세상에서 가장 쉬운 과학 수업 우주팽창이론

허셜과 캐롤라인

허셜과 캐롤라인은 어떻게 하면 더 잘 보이는 망원경을 만들 수 있을지를 토론하면서 직접 망원경을 만들기도 하고 망원경을 수리하기도 하면서 매일 우주의 별들을 관찰했다. 이 당시 두 사람은 어두운 별을 보기 위해서는 빛을 가득 모을 수 있도록 망원경 속의 거울 지름을 크게 해야 한다는 것을 알게 되었다. 하지만 당시 사용되고 있던 거울은 주석과 구리를 섞어서 만든 것이라 빛을 반사하는 비율이 낮았다. 두 사람은 전에 사용했던 거울에서 주석과 구리의 비율을 바꾸어 반사가 더 잘 되는 거울을 만들어 망원경에 장착했다. 그러자 전보다 더 어두운 별도 볼 수 있게 되었다.

허셜의 초대형 망원경

1781년, 여느 때처럼 우주를 관측하던 허셜과 동생 캐롤라인은 우연히 낯선 천체를 발견했다. 그 천체는 쌍둥이자리의 한쪽 구석에서 푸르스름한 빛을 내며 천천히 움직이고 있었다. 두 사람은 처음 이 천체가 태양 주위로 접근하는 새로운 혜성이라고 생각했다. 두 사람은 이 사실을 영국의 그리니치 천문대에 알렸다. 그러고는 매일 그 천체의 위치를 관측했다. 두 달 동안 관측한 결과, 이 천체가 토성보다 훨씬 바깥에서 태양의 둘레를 돌고 있다는 것을 알아냈다. 놀랍게도 이 천체가 도는 궤도는 지구와 화성처럼 타원 모양을 그렸다. 이것이 바로 이 천체가 혜성이 아니라 지구나 화성처럼 태양의 주위를 도는 행성이라는 증거였다. 즉 두 사람은 태양의 일곱 번째 행성을 발견한 것

세상에서 가장 쉬운 과학 수업 우주팽창이론

이었는데, 이 천체가 바로 천왕성이다. 천왕성의 발견 전까지는 태양
계가 토성까지였지만 태양에서 천왕성까지의 거리가 태양에서 토성
까지의 거리의 두 배 이상이기 때문에 태양계는 전보다 훨씬 더 넓어
지게 되었다.

허셜이 천왕성을 발견한
망원경

천왕성

천왕성의 발견으로 허셜은 1782년 영국의 왕실 천문학자로 임명되었다. 이때부터 허셜은 음악가의 길을 그만두고 천문학 연구에만 주력했다. 허셜의 다음 연구 대상은 우주의 수많은 별이었다. 별은 우주를 이루는 성간물질들이 뭉쳐서 만들어지는데, 성간물질의 주성분은 가벼운 수소 기체이다. 즉, 모든 별은 주로 수소로 이루어져 있다.

그렇다면 우주에는 별들이 골고루 분포되어 있을까? 그렇지는 않다. 많은 별이 모여 있는 곳이 있는가 하면, 별이 하나도 없는 지역도 있다. 많은 별이 모여 있어 마치 별들의 섬처럼 보이는 곳을 은하라고 부르는데, 태양도 다른 많은 별과 함께 은하 속에 있고 태양이 속해 있는 은하를 '우리 은하'라고 부른다.

허셜은 우리 은하가 어떻게 생겼는지가 궁금했다. 그래서 1785년 허셜은 밤하늘을 여러 부분으로 나누어 각 부분의 별의 수와 별의 움직임을 기록했다. 이것은 우리 은하의 모습을 알기 위해서였다.

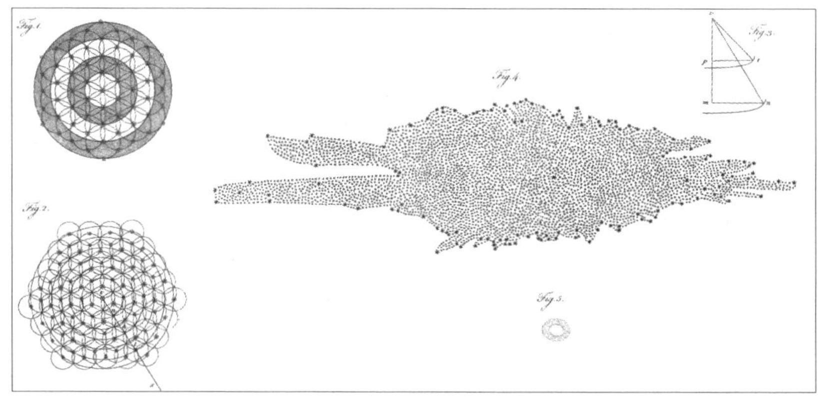

허셜이 그린 우리 은하의 모습

   세상에서 가장 쉬운 과학 수업 우주팽창이론

여러분이 나무들이 울창한 숲속에 있다고 해보자. 이때 숲이 어떤 모습인지를 어떻게 알 수 있을까? 자신의 위치에서 여러 방향으로 나무의 수들을 헤아리면 숲의 모습을 대략 알 수 있다. 이때 숲은 은하로, 나무들을 별로 비유할 수 있다. 숲에서 여러 방향으로 나무를 보면 수평 방향으로는 나무들이 빽빽하지만 머리 위로는 나무가 없다. 그러므로 숲의 모양은 바닥에 붙어 있는 납작한 모양이 된다.

허셜의 관측도 이와 비슷했다. 어떤 방향으로는 빙 둘러 별들이 빽빽하게 늘어서 있지만 그와 수직인 방향으로는 별들이 드물었다. 이 관측으로부터 허셜은 우리 은하가 납작한 원반 모양이라는 것을 알아냈다.

옆에서 본 우리 은하의 모습

허셜은 은하수가 은하의 별들 대부분이 빽빽하게 모여 있는 곳이라는 것을 알아냈다. 그 후 원반의 중심에는 별들이 빽빽하게 모여 있고 중심에서 먼 곳에는 별들이 드문드문 놓여 있다는 것이 미국의 천문학자 할로 섀플리(Harlow Shapley, 1885~1972)에 의해 알려졌다. 태양은 우리 은하의 중심에 있지 않기 때문에 우리는 은하의 중심에 있는 많은 별의 모임인 은하수를 보게 되는데, 현재의 관측에 의하면 우리 은하는 지름이 10만 광년인 원반 모양이고 태양은 이 원반의 중심에서 2만 6천 광년 떨어진 곳에 놓여 있다. 우주는 너무나 크기 때문에 킬로미터로 나타내기에는 곤란하다. 그래서 광년이라는 새로운 거리 단위를 사용하는데, 1광년은 빛의 속도로 1년 동안 간 거리이다.

빛의 속도는 초속 30만 킬로미터이다. 1년은 364일이고 하루는 24시간이고 1시간은 3,600초이므로

$$1년 = 365 \times 24 \times 3,600 = 31,536,000(초)$$

이 된다. 1광년은 빛이 일 년 동안 간 거리이므로 이것은 빛의 속도에 1년을 초로 바꾼 값을 곱하여 얻어진다.

$$1광년 = 300,000 \times 31,536,000$$
$$= 9,460,800,000,000(km)$$

이다.

위에서 본 우리 은하의 모습

　1787년 허셜은 올드윈저로 이사했고 이듬해에는 근처의 슬라우로 이사하여 남은 생애를 보냈다. 허셜은 달이 없고 날씨가 좋은 밤이면 언제나 여동생 캐롤라인과 함께 밤하늘을 관측했다. 흐린 밤에는 파수꾼을 세워 구름이 걷히면 부르도록 했다. 종종 낮에 허셜이 망원경 제작을 지휘하는 동안 여동생 캐롤라인은 허셜의 연구 결과를 요약하곤 했으며, 제작한 망원경 중 많은 것을 연구 비용을 위해 팔기도 했다. 허셜이 제작한 가장 큰 망원경은 반지름 122㎝, 초점거리 12m인 금속반사경으로 만들어진 거울이 달려 있어 일상적으로 사용하기에는 부담스러울 정도로 큰 것이었다. 1789년 완성된 이것은 18세기의 위대한 발명품 중의 하나이다.

　허셜이 이룩한 업적은, 그가 천문학 분야에 직업적으로 뛰어들었던 것이 중년이 되었을 때였다는 것을 고려한다면, 그의 모든 것을 바침으로써 그리고 캐롤라인의 헌신적인 도움으로 가능했다. 허셜은 1786년 친구이자 이웃인 존 피트가 죽기 전까지는 결혼하려는 생각이 없었다. 그러나 존 피트의 미망인인 메리가 매우 매력적이고 상냥한 여성이었기에 얼마 되지 않아 허셜은 그녀에게 청혼하고 1788년 5월 8일에 결혼한 후 두 사람의 보금자리를 하우스 천문대로 정한 뒤 천문학에 관한 일을 계속했다.

티티우스-보데 법칙의 비밀 _ 숫자 속에 숨겨진 우주의 규칙

정교수　이번에는 태양으로부터 각 행성까지의 거리에 대한 규칙을 발견한 과학자들의 이야기를 해볼게.

태양으로부터 각 행성까지의 거리를 처음 알아낸 사람은 영국의 그레고리(David Gregory, 1659~1708)이다. 그는 1715년 자신의 책 『천문학 개요』에서 다음과 같이 썼다.[6]

지구에서 태양까지의 거리를 1이라고 하면 수성까지의 거리는 0.4, 금성까지의 0.7, 화성까지의 거리는 1.5, 목성까지의 거리는 5.2, 토성까지의 거리는 9.5이다.

– 그레고리

---

6) Gregory, D.(1715), 『The Elements of Astronomy, Physical and Geometrical』, John Morphew.

　세상에서 가장 쉬운 과학 수업 우주팽창이론

1766년 독일 비텐베르크 대학의 교수였던 티티우스는 그레고리의
거리를 일부 수정한 후 이 거리들 사이에 일정한 규칙이 존재한다는
것을 알아냈다.

요한 다니엘 티티우스
(Johann Daniel Titius, 1729~1796, 프로이센)

티티우스는 태양에서 토성까지의 거리를 100개 부분으로 나누었
다. 이때 태양에서 각 행성까지의 거리는 다음과 같이 되었다.

수성 $= 4$

금성 $= 4 + 3 = 7$

지구 $= 4 + 6 = 10$

화성 $= 4 + 12 = 16$

$? = 4 + 24 = 28$

목성 $= 4 + 48 = 52$

토성 $= 4 + 96 = 100$

그의 수열에서는 ?에 대응되는 위치에 행성이 있을 것으로 추측되었는데, 그 지역에는 새로운 행성이 없고 수천 개의 소행성이 모여 있는 소행성대가 있었다. 이것은 원래 그 지역에 행성이 있었지만 거대한 질량을 가진 목성이 그 행성에 큰 만유인력을 작용하게 함으로써 행성을 이루지 못하고 여러 개의 작은 소행성들로 분열된 것으로 여겨진다. 훗날 이 위치에서는 소행성대에서 가장 큰 천체인 세레스가 발견되었다.

티티우스의 규칙은 1772년 보데가 쓴 책[7]에 소개되었는데, 이 규칙을 티티우스-보데의 법칙이라고 부른다.

요한 엘레르트 보데(Johann Elert Bode, 1747~1826, 독일)

티티우스와 보데의 예측은 허셜이 발견한 천왕성에도 완벽하게 적용되었다.

---

7) Johann Elert Bode , 「Anleitung zur Kenntniss des gestirnten Himmels」, 1768.

태양에서 각각의 행성까지의 거리를 조사해보자. 우선 그것을 위해서는 천문단위(AU)에 대해 알 필요가 있다. 1 AU는 지구에서 태양까지의 거리인 1억 5천만 km를 나타낸다. 이제 AU 단위로 태양에서 각 행성까지의 거리를 알아보자.

우선 다음과 같은 수열을 보자.

0, 3, 6, 12, 24, □, □, □

□ 안에 들어갈 숫자를 쉽게 찾을 수 있을까? 물론이다. 처음 숫자인 0을 제외하고는 앞의 숫자에 2를 곱하면 된다. 그러므로 다음과 같다.

0, 3, 6, 12, 24, 48, 96, 192

각각의 숫자에 4를 더해보자.

4, 7, 10, 16, 28, 52, 100, 196

각각의 숫자를 10으로 나눠보자.

0.4, 0.7, 1, 1.6, 2.8, 5.2, 10, 19.6

이것이 태양으로부터 각 행성까지의 거리를 AU 단위로 나타낸 것
이다. 다시 말하면 다음과 같다.

수성까지의 거리 = 0.4 AU

금성까지의 거리 = 0.7 AU

지구까지의 거리 = 1.0 AU

화성까지의 거리 = 1.6 AU

소행성대까지의 거리 = 2.8 AU

목성까지의 거리 = 5.2 AU

토성까지의 거리 = 10.0 AU

천왕성까지의 거리 = 19.6 AU

세 과학자가 찾아낸 마지막 행성, 해왕성 _계산으로 찾아낸 우주의 비밀

정교수 이제 천왕성 다음의 행성인
해왕성을 찾은 세 명의 과학자 이야기
를 해볼게. 먼저 애덤스에 대해 알아
볼게.

애덤스는 영국 라네스트(Laneast)
에서 태어났다. 그의 부모는 가난한

존 쿠치 애덤스(John Couch Adams,
1819~1892, 영국)

 세상에서 가장 쉬운 과학 수업 우주팽창이론

소작농이었다. 애덤스는 라네스트 마을 학교에 다녔고, 거기서 그리스어와 대수학을 배웠다. 그곳에서 그는 12세의 나이에 어머니의 사촌인 존 카우치 그릴스(John Couch Grylls) 목사가 운영하던 사립학교에 다니기 위해 데본포트(Devonport)로 갔다. 그곳에서 그는 고전을 배웠지만 수학은 독학으로 공부했다. 그는 1835년 랜덜프(Landulph)에서 핼리 혜성을 관측하면서 천문학에 대한 관심을 두게 되었다. 1836년, 애덤스의 어머니는 배할릭의 작은 영지를 물려받았고, 애덤스는 케임브리지 대학에 다닐 수 있게 되었다. 1839년 그는 케임브리지 세인트존스 칼리지에 입학해 1843년 졸업했다.

두 번째로 소개할 과학자는 르 베리에이다.

위르뱅 르 베리에(Urbain Jean Joseph Le Verrier, 1811~1877, 프랑스)

르 베리에는 프랑스 생로(Saint-Lô)에서 태어났다. 그는 에콜 폴리테크닉(École Polytechnique)에서 게이뤼삭(Gay-Lussac)에게 화학을 배웠고 인과 수소, 인과 산소의 조합에 대한 논문을 썼다. 그 후 그는 천체 역학으로 전공을 바꿨고, 파리 천문대에 일자리를 얻었다.

르 베리에의 천문학에 대한 첫 번째 연구는 1839년 9월 『과학 아카데미 회보(Académie des Sciences)』에 「Sur les variations séculaires des orbites des planètes(행성 궤도의 세속적 변동에 관하여)」라는 제목으로 발표되었다. 이 연구는 당시 천문학에서 가장 중요한 질문인 라플라스가 처음으로 조사한 태양계의 안정성을 다루었다.

세 번째로 소개할 과학자는 갈레이다.

요한 고트프리트 갈레(Johann Gottfried Galle, 1812~1910, 독일)

갈레는 프로이센의 라디스에서 태어났다. 그는 비텐베르크 김나지움을 다녔고 베를린대학에서 천문학을 공부했다. 그는 베를린 천문대가 완공된 직후인 1835년 요한 프란츠 엥케(Johann Franz Encke)의 조수로 일하기 시작했다.

　세상에서 가장 쉬운 과학 수업 우주팽창이론

1838년에 그는 토성의 안쪽에 있는 어두운 고리를 발견했다. 1839년 12월 2일부터 1840년 3월 6일까지 그는 세 개의 새로운 혜성을 발견했다. 1845년 갈레는 「1706년 10월 20일부터 10월 23일까지 별과 행성의 자오선 통과에 대한 뢰머의 관찰에 대한 비판적 토론」이라는 연구로 천문학 박사 학위를 받았다.

물리군　해왕성을 발견하기 위해 세 사람이 공동연구를 했나요?

정교수　그렇지 않아. 세 사람은 독립적으로 해왕성을 발견하려고 노력했지. 1821년 프랑스의 천문학자 부봐르는 천왕성의 궤도가 알려지지 않은 천체에 의해 교란된다는 것을 발견하고 천왕성 바깥에 여덟 번째 행성이 존재한다는 가설을 세웠어.

알레시 부봐르(Alexis Bouvard, 1767~1843)

1843년, 애덤스는 부봐르의 가설을 토대로 천왕성의 궤도에 관한 연구를 시작했다. 그는 왕립 천문학자인 조지 에어리 경(Sir George Airy)에게 추가 자료를 요청했고, 에어리 경은 1844년 2월에 그것을 제공했다. 애덤스는 1845년에서 1846년 사이에도 천왕성의 궤도에 영향을 미치는 새로운 행성에 관한 연구를 계속했다.

1845년에서 1846년 사이에, 르 베리에는 애덤스와 독립적으로 천왕성의 궤도에 대해 계산했다. 르 베리에와 애덤스의 계산 결과가 거의 비슷하다는 것을 알게 된 에어리 경은 케임브리지 천문대장인 찰리스(James Challis)에게 두 사람이 예언한 행성을 찾도록 설득했다. 하지만 그의 구식 별 지도와 빈약한 관측 기술로 인해 해왕성을 발견하는 데는 실패했다.

한편, 르 베리에는 편지를 보내 베를린 천문대의 천문학자 갈레에게 천문대의 9인치 굴절망원경으로 해왕성을 관측할 것을 촉구했다. 1846년 9월 23일 저녁, 갈레는 물병자리에 있는 쌍성 이오타 바로 북동쪽에서 여덟 번째 행성인 해왕성을 발견했는데, 이 위치는 르베리어와 애덤스가 계산한 것과 거의 비슷한 위치였다.

갈레가 해왕성을 발견한 9인치 굴절망원경

물리군 해왕성도 티티우스-보데 법칙을 만족하나요?

정교수 아니. 해왕성은 티티우스-보데의 법칙을 만족하지 않

  세상에서 가장 쉬운 과학 수업 우주팽창이론

아. 티티우스-보데 법칙에 따르면, 여덟 번째 행성의 위치는 태양으로부터 38.8AU 떨어진 곳이어야 하지만 해왕성은 그보다 훨씬 안쪽 궤도를 돌고 있지.

해왕성

해왕성은 태양계의 마지막 행성이다. 해왕성은 8개의 행성 중 네 번째로 크고 세 번째로 무거운 행성이다. 해왕성의 질량은 지구의 17배로, 질량이 지구의 15배인 천왕성보다 약간 더 무겁다. 태양으로부터 해왕성까지의 거리는 30.1 AU이며, 지구와 태양 사이 거리의 대략 30배에 해당한다.

해왕성의 구성 성분은 천왕성과 비슷하다. 목성과 토성의 대기에 수소와 헬륨이 대량 포함되어 있지만 해왕성의 대기는 아주 작은 양의 탄화수소와 질소를 포함하고 있으며, 표면은 물, 암모니아, 메탄 등이 얼어붙어 있다.

잃어버린 아홉 번째 행성 _ 명왕성, 그 발견에서 퇴출까지

정교수 이번에는 1930년 발견되어 아홉 번째 행성이 되었다가 2006년 행성 자격을 박탈당한 명왕성 이야기를 해볼게. 명왕성 발견과 관련된 두 명의 과학자 이야기로 시작할 건데, 먼저 소개할 과학자는 로웰이야.

퍼시벌 로웰(Percival Lowell 1855~1916, 미국)

로웰은 1855년 미국 매사추세츠주 보스턴에서 태어났다. 로웰은 1872년 노블 앤 그리너프 스쿨(Noble and Greenough School)을 졸업하고 1876년 하버드 대학 수학과를 졸업했다. 졸업 후 그는 6년 동안 면직물 공장을 운영했다. 1880년대에 로웰은 극동아시아를 광범위하게 여행했다. 1883년 8월에는 주미 한국 외교 참사관으로 일했다. 그는 한국을 방문해 두 달 정도 지냈다.

세상에서 가장 쉬운 과학 수업 우주팽창이론

로웰은 1883년 주미 한국 외교 참사관 자격으로 조선을 방문했다. 앞줄 가장 오른쪽이 로웰

1893년 겨울부터 로웰은 천문학 연구에 전념하여 애리조나주 플래그스태프에 자신의 이름을 딴 로웰 천문대를 설립했다.

미국 애리조나주 플래그스태프에 자리 잡은 로웰 천문대

두 번째로 소개할 과학자는 미국의 톰보이다.

클라이드 톰보(Clyde William Tombaugh, 1906~1997, 미국)

톰보는 미국 일리노이주 스트리터(Streator)에서 태어났다. 천문학에 대한 톰보의 관심은 1918년 그가 열두 살 때 위스콘신주 제네바 호수에 있는 여키스 천문대를 방문했을 때 시작되었다.

1922년 8월 톰보는 가족의 농장일을 돕기 위해 고등학교를 1년 동안 중퇴한 후 다시 복학해 1925년에 고등학교를 졸업했다. 1926년부터 그는 렌즈와 거울이 있는 여러 망원경을 직접 만들었다. 그는 1929년부터 1945년까지 로웰 천문대에서 일했다.

물리군 톰보는 로웰이 죽은 후에 로웰 천문대에서 일했군요.

정교수 맞아. 1906년 로웰은 아홉 번째 행성을 찾기 위한 광범위한 프

  세상에서 가장 쉬운 과학 수업 우주팽창이론

로젝트를 시작했어. 1909년, 로웰은 윌리엄스를 고용해 수학 계산을 이용해 아홉 번째 행성 탐색을 시도했지만 결과는 실패로 돌아갔어.

엘리자베스 랭던 윌리엄스(Elizabeth Langdon Williams, 1879~1981, 미국)

　　로웰의 사망으로 중단되었던 아홉 번째 행성 탐색은 1929년에 재개되었다. 로웰 천문대 책임자인 베스토 멜빈 슬리퍼(Vesto Melvin Slipher)는 23세의 톰보에게 아홉 번째 행성을 찾는 임무를 맡겼다. 톰보의 임무는 한 쌍의 사진으로 밤하늘을 체계적으로 이미지화한 다음 각 쌍을 검사하고 물체의 위치가 이동했는지를 확인하는 것이었다. 1930년 2월 18일, 거의 1년에 걸친 연구 끝에 톰보는 1월 23일과 29일에 촬영된 사진판에서 어떤 천체가 움직였다는 것을 알아냈다. 이것은 바로 아홉 번째 행성인 명왕성이었다.

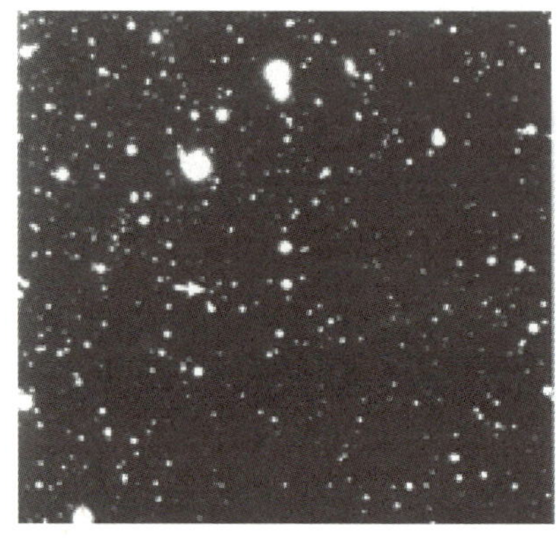

명왕성 발견 사진

명왕성

물리군　명왕성은 왜 더 이상 행성이 아니죠?

정교수　명왕성은 반지름이 약 1,188km로, 지구의 달보다도 작아. 그리고 태양을 한 바퀴 도는 데 무려 248년이 걸리지. 명왕성에는 카론, 닉스, 히드라 등 5개의 위성이 있어. 이 중 1978년 발견된 카론은 반지름이 약 606km로 명왕성의 절반 정도이지.

명왕성과 5개의 위성들

2006년 국제천문연맹(IAU)은 행성에 대한 새로운 정의를 내렸다. 그것은 행성이 되기 위해서는 아래의 세 가지 조건을 모든 만족해야 한다는 것이었다.

조건 1. 태양을 공전해야 한다.
조건 2. 자체 중력으로 인해 구형에 가까운 모양이어야 한다.
조건 3. 주변에 비해 중력적으로 우세해야 한다. 즉 주변에 비슷한 크기의 다른 천체가 없어야 한다.

명왕성은 조건 1과 조건 2는 만족했지만 카론의 존재로 인해 조건 3을 만족하지 못해 행성 자격을 박탈당했다. 이로 인해 태양계의 행성은 8개로 줄어들었고, 조건 1과 조건 2만을 만족하는 천체는 왜행성으로 분류되었다.

물리군　그렇군요.

명왕성 너머의 세계 _ 카이퍼가 예측한 우주의 끝자락

정교수　이제 태양계를 에워싸고 있는 거대한 지역인 카이퍼 벨트에 관해 소개할게. 카이퍼 벨트는 수백만 개의 혜성 핵을 포함하는 지역으로 태양으로부터 30AU에서 50AU 사이에 자리 잡고 있어.

물리군　카이퍼는 무슨 뜻이죠?

정교수　네덜란드 천문학자 제라드 카이퍼가 이 지역의 존재를 처음 예측했기 때문에 그의 이름을 따서 '카이퍼 벨트'라고 이름 붙였어.

제러드 카이퍼(Gerard Peter Kuiper, 1905~1973, 네덜란드)

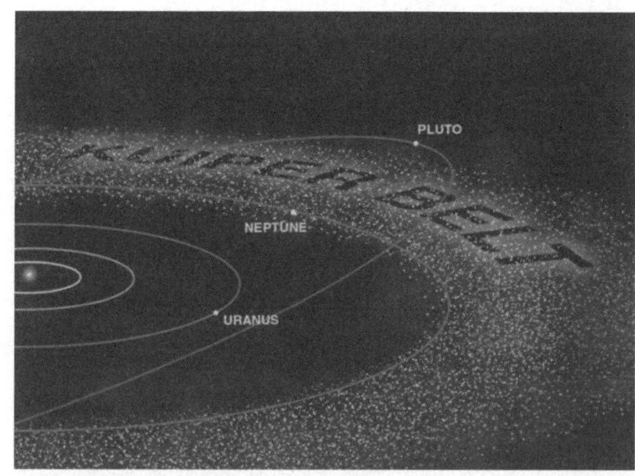

카이퍼 벨트

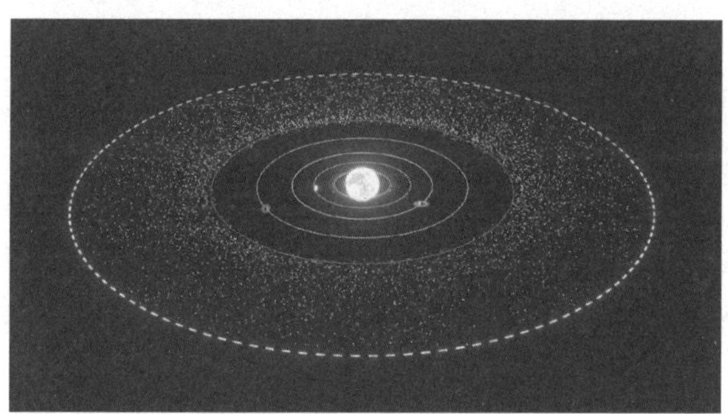
카이퍼 벨트

　카이퍼 벨트에서는 수많은 왜행성을 발견할 수 있다. 명왕성, 카론, 하우메아, 마케마케, 에리스, 세드나 등이 카이퍼 벨트의 대표적인 왜행성이다. 이 중 에리스는 명왕성보다 큰 왜행성이다.

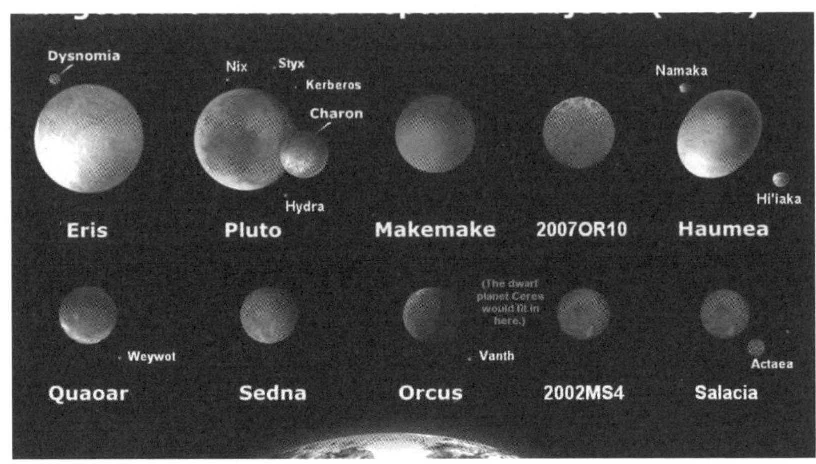

카이퍼 벨트의 가장 큰 해왕성 바깥 천체

네 번째 만남

우주를 향한 탐구의 여정

천체 경찰의 탄생 _ "잃어버린 행성을 찾아라"

정교수　이번에는 1800년에 탄생한 천체 경찰에 대해 알아볼게.

물리군　천체 경찰이 뭐죠?

정교수　이 이야기를 하려면 두 천문학자에 관해 알아야 해.

먼저 천문학자 자흐에 대해 이야기해보자.

프란츠 자버 폰 자흐(Franz Xaver Freiherr
von Zach, 1754~1832, 헝가리)

자흐는 1754년 헝가리 부다페스트에서 태어났다. 그는 예수회 신학교에서 교육을 받았지만 훗날 예수회에 대해 극도의 적대감을 드러낸다. 그는 15세 때 혜성을 본 후 천문학에 매료되었다. 이후 그는 프랑스의 천문학자 제롬 라랑드(Jérôme Lalande)가 쓴 천문학 책[8]

---

8) Jérôme Lalande, 『Traité d'astronomie』, 1764.

을 독학으로 공부했다.

1772년 자흐는 렘베르크(현재 우크라이나 리비우)로 이주하여 예수회 수사인 요제프 리스가니히와 함께 그 땅의 측지 측량을 했다. 1776년 자흐는 렘베르크의 콜레기움 노빌리움(Collegium Nobilium, 현 리비우의 이반 프랑코 국립대학)의 기계공학 교수가 되었다. 그는 1780~83년에 파리에서 살았고, 1783~86년 런던에서 색슨족 대사인 한스 모리츠 폰 브륄의 집에서 가정교사로 살았다. 파리와 런던에서 그는 조셉 드 라랑드(Joseph de Lalande), 피에르 시몽 라플라스(Pierre-Simon Laplace), 윌리엄 허셜(William Herschel)과 같은 천문학자들과 교류했다. 1786년 그는 작센-고타-알텐.부르크 공작인 에르네스트 2세에 의해 1791년에 완공되는 제베르크 천문대(Seeberg Observatory) 책임자로 임명되었다.

제베르크 천문대

이제 천문학자 올베르스에 대한 이야기를 해보자.

하인리히 빌헬름 마티아스 올베르스
(Heinrich Wilhelm Matthias Olbers,
1758~1840)

올베르스는 1758년 오늘날 브레멘의 일부인 독일 아르베르겐에
서 태어났고 괴팅겐 대학에서 의사가 되기 위해 공부했다. 괴팅겐
에 있는 동안 그는 수학자인 아브라함 고텔프 케스트너(Abraham
Gotthelf Kästner)와 함께 수학을 공부했다. 1779년 그는 혜성의 궤
도를 계산하는 방법을 고안했다. 1780년 졸업 후 그는 브레멘에서 의
사로 일하기 시작했다. 그
는 밤마다 천문 관측을 하
기 위해 집의 위층을 천문
대로 만들었다. 이 시기에
그는 혜성의 궤도를 계산
하는 정확한 방법을 고안
했다.

집에 천문대를 설치하는 올베르스

세상에서 가장 쉬운 과학 수업 우주팽창이론

18세기 말, 자흐는 보데의 법칙에 따라 화성과 목성 사이에 누락된 행성이 있다고 확신했다. 그는 이 문제에 대한 조직적인 조사가 필요하다는 것을 깨닫고 1798년에 여러 나라의 천문학자들을 초대하여 모임을 열었는데, 이 모임은 현재 역사상 최초로 개최된 천문학 회의로 인정받고 있다. 독일, 프랑스, 영국에서 온 약 13명의 대표자가 10일간의 회의에 참석했다. 그는 1800년에 화성과 목성 사이의 행성을 찾는 '천체 경찰[Vereinigten Astronomischen Gesselschaft(United Astronomical Society)]'이라는 학회를 만들었다. 올베르스는 천체 경찰로 알려진 그룹에 초대된 24명의 천문학자 중 한 명이었다.

1801년 1월 1일에 팔레르모 천문대의 이탈리아 천문학자 주세페 피아치가 최초의 소행성을 발견하고 세레스(Ceres)라고 명명했다.

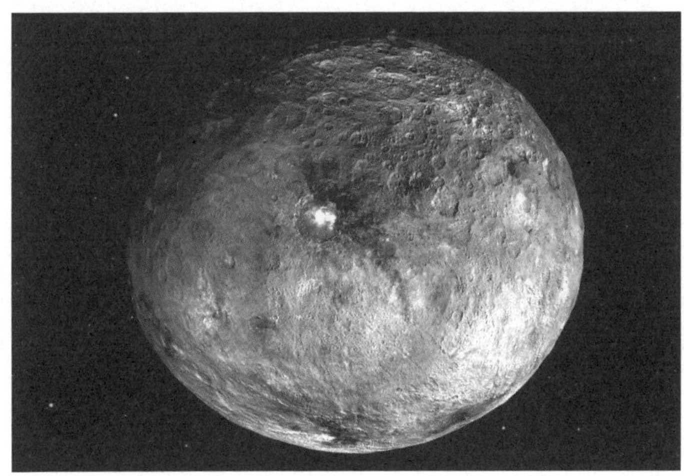

최초의 소행성
세레스

1802년 3월 28일, 올베르스는 소행성 팔라스(Pallas)를 발견했고, 1807년 3월 29일, 소행성 베스타(Vesta)를 발견했다. 올베르스는 이러한 소행성들이 화성과 목성 사이에 존재했던 행성의 잔해라고 제안했다.

소행성 팔라스

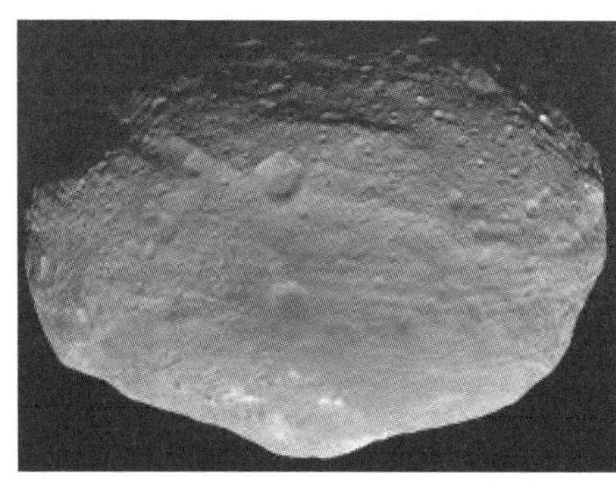

소행성 베스타

1815년 3월 6일, 올베르스는 주기적인 혜성을 발견했는데, 이 혜성은 그의 이름을 따서 13P/올베르스(13P/Olbers)로 명명되었다.

세상에서 가장 쉬운 과학 수업 우주팽창이론

케플러-올베르스 패러독스 _ 밤하늘은 왜 어두운가?

정교수 이제 올베르스가 1823년에 얘기한 '올베르스 패러독스'에 대한 이야기를 해볼게. 밤은 왜 어둡지?

물리군 해가 졌으니까요.

정교수 하지만 별이 있잖아?

물리군 별빛은 희미하고 별은 드문드문 보이는데요.

정교수 밤이 어두운 것은 우주가 무한한가, 유한한가와 관계가 있어.

역사적으로 따져보면 우주가 무한하다면 밤하늘이 밝아야만 할 것이라고 최초로 확신한 사람은 '케플러의 법칙'으로 유명한 케플러였다. 그러므로 올베르스 패러독스는 사실 '케플러-올베르스 패러독스'라고 불려야 마땅하다. 우주가 무한하고 별들로 가득 차 있다면 지구의 모든 시선은 결국 어딘가에 있는 별과 만나게 된다. 이것은 우주가 무한하고 무한한 수의 별빛을 더하면 밤하늘이 밝으리라는 것을 의미한다.

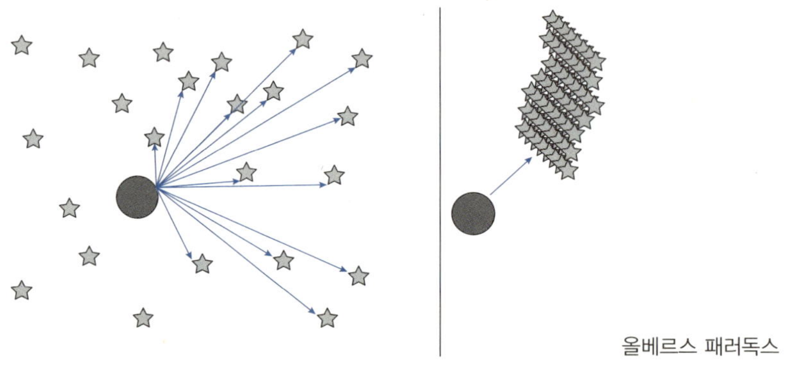

올베르스 패러독스

케플러의 주장에 대해 핼리혜성을 발견한 것으로 유명한 핼리(Edmond Halley)는 1720년 밤하늘이 어두운 이유는 먼 곳에서 온 별빛이 너무 희미하여 우리 눈으로 감지될 수 없기 때문이라고 주장했다. 먼 곳에 있는 별빛의 세기가 우리에게 도달할 때의 세기는 별과 지구 사이 거리의 제곱에 반비례하여 줄어들기 때문에 우주가 무한하더라도 무한히 먼 곳에 있는 별빛의 세기는 0이므로 지구의 밤하늘을 밝게 할 수 없다고 생각했다.

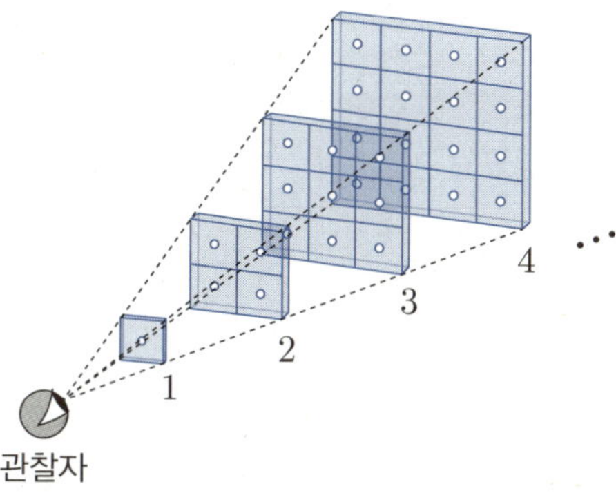

하지만 핼리의 생각은 우주 속 별들의 분포가 균일하다고 가정할 때는 모순을 불러일으킨다. 핼리의 생각에 대해 케플러는 다음과 같이 반박했다.

지구로부터 10광년 떨어진 곳에 10개의 별이 있다고 가정하자. 이들 열 개의 별로부터 지구에 오는 빛의 세기가 1이라고 하자. 그러므로 하나의 별에서 오는 빛의 세기는 $\frac{1}{10}$ 이다. 별들이 우주 공간에 균일하게 분포되어 있다고 가정하면 지구로부터 100광년 떨어진 곳에는 1,000개의 별이 있어야 한다.

왜 그럴까? 우주에 분포하는 별의 밀도가 균일하다면 지구로부터 10광년 떨어진 별들은 지구를 중심으로 반지름이 10광년인 구의 표면에 존재한다. 마찬가지로 지구로부터 100광년 떨어진 별들은 지구를 중심으로 하고 반지름이 100광년인 구의 표면에 존재한다. 그런데 각각의 구의 표면에 대해 별의 밀도가 같으므로 각각의 구 표면의 별의 개수와 구의 표면적은 일정한 비 값을 이룬다. 구의 표면적은 반지름의 제곱에 비례하므로 지구로부터 100광년 떨어진 곳에 있는 별의 개수를 □개라고 하면 다음과 같은 비례식이 성립한다.

$$10^2 : 10 = 100^2 : □$$

여기서 □를 구하면 1,000이므로 지구로부터 100광년 떨어진 곳에는 별이 1,000개 존재한다고 볼 수 있다.

빛의 세기는 거리의 제곱에 반비례한다. 그렇다면 지구로부터 100광년 떨어진 곳에 있는 별 하나의 빛의 세기는 지구로부터 10광년 떨어진 곳에 있는 별 하나의 빛의 세기의 $\frac{1}{100}$인 $\frac{1}{10} \times \frac{1}{100} = \frac{1}{1000}$이 된다. 100광년 떨어진 곳에는 별이 1,000개 있으므로 1,000개의 별빛의 세기를 모두 더하면 $\frac{1}{1000} \times 1000 = 1$이 된다.

같은 식으로 지구로부터 1,000광년 떨어진 곳에 있는 별들에 의한 빛의 세기도 1이 되고, 10,000광년 떨어진 곳에 있는 빛의 세기도 1이 되므로 우주가 무한하다면 무한히 많은 별로부터 오는 빛의 세기는

$$1 + 1 + 1 + 1 + \cdots$$

이 되어 무한히 큰 값이 된다. 빛의 세기가 무한히 크다는 것은 밤하늘이 눈이 부시게 밝다는 것을 뜻한다. 케플러는 이런 생각을 들어 밤하늘이 그리 밝지 않으므로 우주의 크기는 유한하고 별의 개수도 유한하다고 주장했다.

 세상에서 가장 쉬운 과학 수업 우주팽창이론

케플러의 유한 우주에 반기를 든 대표적인 물리학자는 뉴턴이다. 뉴턴은 만유인력 때문에 우주가 무한해야 한다고 주장했다. 만일 우주가 유한하다면 유한개의 별들이 있다. 별들은 질량을 가지고 있어 별들 사이에는 서로를 잡아당기는 만유인력이 존재한다. 그러므로 우주가 유한하다면 모든 별이 만유인력에 의해 서로 달라붙어 버리게 되므로 우주는 무한한 크기를 가져야 한다는 것이 그의 생각이었다.

이렇게 우주가 유한한 크기를 갖는지, 무한한 크기를 갖는지는 수많은 천문학자의 의견이 분분했다.

다시 원점으로 돌아간 문제를 1823년 올베르스가 해결하겠다고 나섰다. 소행성 팔라스와 베스터를 발견한 올베르스는 밤하늘이 어두운 이유는 먼 곳에서 온 별빛이 지구와 별들 사이에 있는 성간물질에 의해 흡수되기 때문이며, 우주는 무한하지만 밤은 어두울 수밖에 없다고 주장해 케플러 패러독스를 해결하려 했다.

그러나 이것도 문제가 생겼다. 올베르스의 설명에 반론을 제기한 사람은 허셜이었는데, 그는 성간물질이 별빛을 흡수하는 것은 맞지만 성간물질에 흡수된 빛은 곧바로 방출되기 때문에 케플러의 계산대로 지구에 오는 모든 별빛의 세기의 합은 무한히 큰 값이 되어 우주가 무한하다면 밤하늘은 밝아야 한다고 주장했다. 밤하늘이 어두운 이유에 대해 이렇게 대립하는 주장이 오갔기 때문에 이 문제를 처음 논쟁 속으로 밀어 넣은 올베르스의 이름을 따서 이러한 패러독스를 '올베르스 패러독스'라고 부르는 것이다.

정교수 이제 20세기 초로 들어와서 우주가 무한한가, 유한한가 하는 문제로 대립한 세 사람의 과학자에 관해 이야기해볼게. 세 사람의 과학자는 아인슈타인, 르메르트, 프리드만이야. 아인슈타인에 대해서는 잘 알고 있으니까 나머지 두 사람에 대해 알아볼까?

먼저 프리드만에 대해 알아보자.

알렉산드르 알렉산드로비치 프리드만
(Alexander Alexandrovich Friedmann,
1888~1925, 러시아)

프리드만은 1888년 러시아 상트페테르부르크에서 태어났다. 그의 아버지는 작곡가이자 발레 무용수인 알렉산드르 프리드만 (Alexander Friedmann)이고 어머니는 피아니스트인 루드밀라 이그나티예브나 보야첵이다. 프리드만은 어린 시절에 러시아 정교회에 세례를 받았고 1910년 상트페테르부르크 주립대학에서 학위를 취득하고 상트페테르부르크 광업연구소의 강사가 되었다.

프리드만은 제1차 세계대전에 육군 비행사, 교관 및 비행기 공장의 책임자로 참전했다. 1925년 6월, 그는 지구 물리학 천문대의 소장직을 맡았고, 그해 7월 7,400m(24,300피트)의 고도에 도달하는 기록적인 열기구 비행에 성공했다.

조르주 앙리 조제프 에두아르 르메트르(Georges Henri Joseph Édouard Lemaître, 1894~1966, 벨기에)

이번에는 르메르트에 대해 알아보자. 르메트르는 벨기에 샤를루아에서 장남으로 태어났다. 벨기에 샤를루아에 있는 예수회 중등학교인 사크레쾨르 칼리지에서 고전 교육을 받은 르메트르는 17세에 루뱅 가톨릭 대학에서 토목 공학을 공부하기 시작했다. 1914년 그는 학업을 중단하고 제1차 세계대전 동안 벨기에 군대에서 포병 장교로 복무했다.

전쟁이 끝난 후, 그는 물리학과 수학을 공부하면서 교구 사제직을 준비했다. 그는 1920년에 「몇 가지 실제 변수의 함수 근사(L'Amassation des functions de plusieurs)」라는 논문으로 박사 학위를 취득했다.

군대 시절의 르메트르(사진 왼쪽)

　1923년 그는 케임브리지 대학의 천문학 연구원이 되어 세인트 에드먼즈 하우스(현재의 케임브리지 대학 세인트 에드먼즈 칼리지)에서 1년을 보냈다. 그는 아서 에딩턴과 함께 일하면서 에딩턴으로부터 현대 우주론과 항성 천문학을 배웠다. 그는 성운에 관한 연구로 명성을 얻은 할로 섀플리와 함께 하버드 대학 천문대와 매사추세츠 공과대학(MIT)에서 1년을 보냈다.

물리군　아인슈타인도 우주에 관해 연구했나요?

정교수　물론이야. 아인슈타인은 1915년과 1906년에 쓴 세 편의 논문[9]을 통해 일반상대성이론과 아인슈타인 방정식을 완성하지.

　그 후 아인슈타인은 '우주'로 눈을 돌렸다. 아인슈타인은 뉴턴의 3차원 우주 대신 4차원의 우주를 생각했다. 아인슈타인은 4차원 우주 속에는 수많은 천체가 있고 이들 천체는 중력을 가지고 있어서 그들의 중력이 우주를 휘게 한다고 믿었다. 그러고는 유명한 자신의 우주 방정식을 발표했다. 그것은 간단하게 풀어서 설명하면 다음과 같다.

---

9) Einstein, Albert(1915), "Die Feldgleichungen der Gravitation", Sitzungsberichte der Preussischen Akademie der Wissenschaften zu Berlin: 844 – 847.
A. Einstein(1915), "Erklärung der Perihelbewegung des Merkur aus der allgemeinen Relativitätstheorie", Königlich Preuùische Akademie der Wissenschaften (Berlin). Sitzungsberichte, 831–839.
Einstein, Albert(1916), "The Foundation of the General Theory of Relativity". Annalen der Physik. 354 (7): 769.

　세상에서 가장 쉬운 과학 수업 우주팽창이론

"어떤 지점에서의 우주의 곡률[10]은 그 지점에서의 중력에 비례한다."

1917년 아인슈타인은 자신의 우주 방정식을 토대로 우주는 팽창하지도 수축하지도 않는다는 내용의 정적우주 모형을 주장했다.[11] 이 과정에서 아인슈타인은 우주의 천체들 사이에 만유인력뿐 아니라 서로 반발하는 힘이 작용한다고 제안했다. 그리고 만유인력과 반발력이 적절하게 평형을 유지하기 때문에 우주는 항상 그 모습 그대로 정지해 있다는 것이 아인슈타인의 정적우주 모형의 핵심이다.

아인슈타인의 우주 모형에 반기를 든 사람은 러시아의 천문학자인 프리드만과 벨기에의 신부 르메르트이다.

1922년에 프리드만은 팽창하는 우주 모형을 논문으로 발표했다.[12] 프리드만은 우주의 크기가 달라진다면 우주가 팽창하거나 수축할 수 있으며 현재 우주는 팽창하고 있다고 주장했다. 프리드만은 이 논문에서 우주는 극도의 고밀도 상태에서 시작되어 점점 팽창하면서 밀도가 낮아졌다고 주장했다. 하지만 아인슈타인은 프리드만의 팽창우주 모형을 받아들이려 하지 않았다.

---

10) 휘어진 정도를 뜻한다.

11) Einstein, Albert(1917), "Kosmologische Betrachtungen zur allgemeinen Relativitätstheorie" [Cosmological considerations on the general theory of relativity], Sitzungs. König. Preuss. Akad. 142 – 152.

12) Friedman, A(1922), "Über die Krümmung des Raumes", Z. Phys. (in German). 10 (1): 377 – 386.

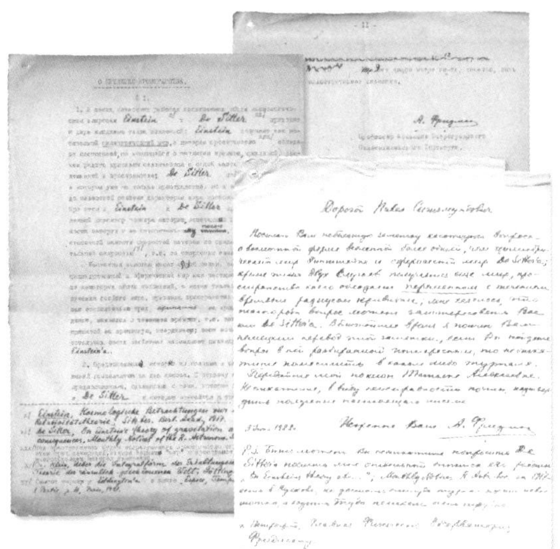

프리드만의 자필 노트

프리드만의 업적을 알지 못했던 벨기에의 천문학자 르메트르도 프리드만과 비슷한 우주 모형을 냈다. 1925년 벨기에로 돌아온 르메르트는 루뱅 가톨릭 대학의 시간 강사가 되었고 1927년에 우주팽창에 관한 논문을 발표했다.[13] 이 논문에서 그는 일반상대성이론에서 파생된 우주가 팽창하고 있다는 새로운 개념을 제시했다. 이 논문에서 르메르트는 우주가 원시 원자들의 폭발로 시작됐다고 주장했다. 이 논문은 프랑스어로 쓰여져 많은 사람에게 알려지지 않았다. 그 후 1931년 아서 에딩턴이 그의 논문을 영어로 번역했다. 하지만 이 논문 역시

---

13) Georges Lemaître(1927), Un univers homogène de masse constante et de rayon croissant rendant compte de la vitesse radiale des nébuleuses extra-galactiques, in Annales de la société scientifique de Bruxelles, volume 47A, p. 49-59, 1927.

아인슈타인에게 받아들여지지 않았다.

아인슈타인(좌측)과 르메르트

강단에 선 르메르트

　아인슈타인의 정적우주 모형과 프리드만-르메르트의 팽창우주 모형의 대립은 허블의 관측으로 프리드만-르메르트의 생각이 옳은 것으로 결론 맺는다.

별의 비밀을 푼 여성 천문학자 _레빗, 세페이드 변광성을 밝히다

정교수　허블의 법칙을 이야기하기 전에 위대한 여자 천문학자 레빗의 이야기를 해볼게.

헨리에타 스완 레빗(Henrietta
Swan Leavitt, 1868~1921, 미국)

레빗은 미국 매사추세츠주 랭커스터에서 태어났다. 그녀는 17세기 초 매사추세츠에 정착한 영국 청교도 재단사인 존 레빗 집사의 후손이었다.

레빗은 2년 동안 오벌린 대학에 다녔고, 그 후 하버드 대학이 여성들을 위해 만든 래드클리프 대학에 편입하여 1892년에 학사 학위를 받았다. 그 후 레빗은 하버드 대학 천문대의 별 분류 작업팀 중에서 여성들로만 구성되어 데이터를 정리하고 분석하는 역할을 하는 하버드 컴퓨터(Harvard Computers)의 일원이 되었다.

하버드 컴퓨터의 여성 요원들. 왼쪽에서 세 번째가 레빗

1902년에 레빗은 하버드 대학 천문대 소장인 피커링(Edward Charles Pickering)에 의해 고용되어 천문대의 사진판 컬렉션에 나타난 별의 밝기를 측정하고 분류했다. 그 후 그녀는 사진 측광 부서의 책임자 직책을 맡았고 망원경을 관리하는 책임을 맡았다.

레빗은 소마젤란 성운[14]과 대마젤란 성운[15]에서 관측되는 변광성을 연구했다. 그녀는 1,777개의 변광성을 확인했다. 1908년 레빗은 이 내용을 하버드 대학의 천문대 연보(Annals of the Astronomical Observatory of Harvard College)에 게재했다.

---

14) 현재는 소마젤란 왜소은하라고 부른다. 왜소은하는 작은 크기의 은하를 말한다.

15) 현재는 대마젤란 왜소은하라고 부른다.

소마젤란 성운

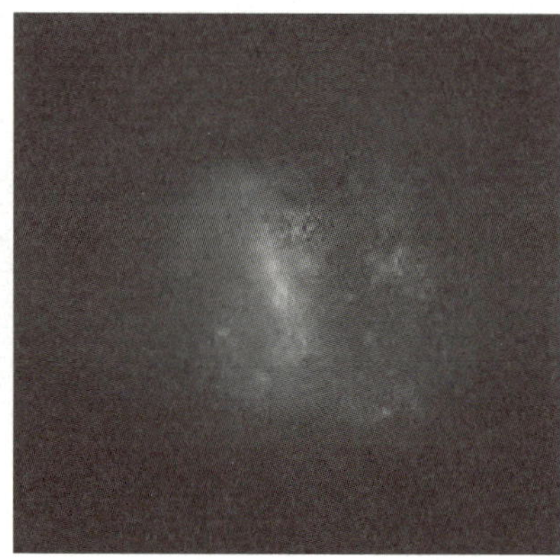

대마젤란 성운

레빗이 발표한 「마젤란 성운의 1,777개 변광성(1777 Variables in the Magellanic Clouds)」의 표제지

물리군 변광성이 뭐죠?

정교수 변광성(variable star)은 지구에서 볼 때 밝기(겉보기 등급)

  세상에서 가장 쉬운 과학 수업 우주팽창이론

가 시간에 따라 변하는 별을 말해. 아래 사진은 변광성인 베텔게우스의 2019년 1월 사진과 2019년 12월 사진이야.

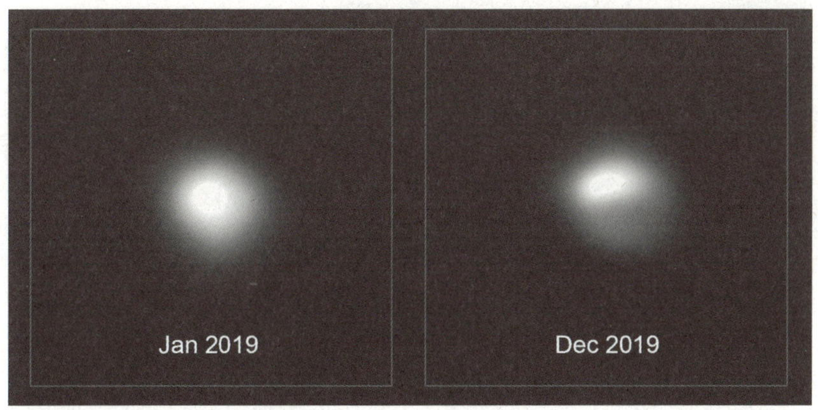

베텔게우스 변광성 사진

물리군 정말 밝기가 달라지는군요.

정교수 레빗은 변광성 중에서 세페이드형 변광성이라고 부르는 별에 관심을 가졌어.

물리군 세페이드형 변광성은 뭐죠?

정교수 별의 지름과 온도가 모두 변하는 변광성을 말해. 세페이드자리에서 처음 발견되었기 때문에 세페이드형 변광성 또는 세페이드 변광성이라고 부르는데, 별의 밝기가 변하는 주기(변광 주기)가 일정하지.

우리 은하에서 가장 밝은 것으로 알려진 세페이드 변광성 중 하나인 RS Puppis(허블 우주 망원경 촬영)

레빗은 세페이드 변광성의 별의 밝기와 변광 주기 사이에 재미있는 관계가 있다는 것을 알아냈다. 그녀는 소마젤란 성운의 25개 세페이드 변광성을 조사해 주기가 길수록 밝기도 더 밝아진다는 것을 알아냈다.

허블이 밝힌 우주의 비밀 _ "은하의 거리와 속도는 비례한다"

물리군　아인슈타인의 정적우주 모형과 프리드만–르메르트의 팽창우주 모형 중에 어느 것이 옳은가요?

정교수　올바른 이론은 관측과 잘 맞아야 해. 이러한 관측을 시도한 사람은 바로 에드윈 허블이야.

에드윈 허블(Edwin Powell Hubble,
1889~1953, 미국)

허블은 1889년 미국 미주리주의 마쉬필드에서 태어났다. 젊은 시절에 그는 지적 능력보다 운동 능력으로 더 주목을 받았다. 그는 고등학교와 대학에서 야구, 미식축구, 육상 선수로 활약하는 재능 있는 운동선수였다. 그는 1906년 고등학교 육상 대회에서 일곱 번이나 일등을 차지했고, 농구 코트에서 센터부터 슈팅 가드까지 다양한 포지션을 소화했다. 허블은 1907년 시카고 대학의 농구팀을 이끌고 첫 빅텐 컨퍼런스 타이틀을 거머쥐었다.

농구공은 든 사람 왼쪽이 허블

허블은 시카고 대학에서 수학, 천문학을 공부해 1910년에 이학사 학위를 받았다. 그 후 그는 옥스퍼드대학에 진학해 법학을 공부했다. 대학 졸업 후에는 인디애나주 뉴 올버니 고등학교에서 스페인어, 물리학 및 수학을 가르쳤고 그곳에서 남자 농구팀을 코치하기도 했다. 고등학교 교사로 일 년을 보낸 후 그는 시카고 대학원에 입학해 여키스 천문대(Yerkes Observatory)에서 천문학을 공부하고 1921년에 박사 학위를 받았다. 그의 학위 논문 제목은 「희미한 성운에 대한 사진 관측 연구(Photographic Investigations of Faint Nebulae)」였다. 여키스 천문대에서 그는 26인치(61cm) 반사경이 있는 당시 세계에서 가장 좋은 망원경을 이용할 수 있었다.

여키스 천문대

   세상에서 가장 쉬운 과학 수업 우주팽창이론

  1917년 미국이 독일에 선전포고하자 허블은 군에 입대하기 위해 서둘러 박사 학위 논문을 완성했다. 허블은 미 육군에 자원하여 새로 창설된 86사단에 배속되어 343보병연대 2대대에서 복무했다. 제1차 세계대전이 끝난 후, 허블은 케임브리지 대학에서 천문학 공부를 재개했다.

  1919년 허블은 캘리포니아 패서디나 근처에 있는 카네기 과학 연구소의 마운트 윌슨 천문대(Mount Wilson Observatory)에서 천문대의 설립자이자 책임자인 조지 엘러리 헤일(George Ellery Hale)로부터 직원 자리를 제안받았다. 허블은 이를 수락했고 1953년 사망할 때까지 마운트 윌슨 천문대에서 근무했다.

마운트 윌슨 천문대

허블은 또한 제2차 세계대전 중 미 육군의 탄도학 연구소에서 외부 탄도 분과 과장으로 일하면서 폭탄과 발사체의 유효 화력을 증가시키는 연구를 지휘했다. 그의 연구 결과는 폭탄과 로켓의 설계, 성능 및 군사적 효율성을 크게 높인 것으로 인정되었다.

물리군 허블이 농구선수였다는 건 처음 알았어요.

정교수 이제 허블이 우주에 대해 한 일을 알아볼까?

우리가 눈으로 보는 별은 모두 우리 은하에 있는 별들이다. 그렇다면 우주에 별들이 모여 있는 은하가 우리 은하뿐일까? 물론 그렇지는 않다. 허블은 우리 은하가 아닌 다른 은하를 최초로 관측했다.

허셜의 우리 은하 발견 이후 1908년까지 천문학자들은 15,000여 개의 성운을 발견했다. 성운이란 별을 만들지 못한 성간물질들이 구름처럼 퍼져 있어 별빛을 반사해 빛을 내는 천체이다. 천문학자들은 이들 성운이 우리 은하 속에 있는지 아니면 외부에 있는지에 관심이 많았다. 하지만 이를 위해서는 빛을 많이 모아 더 정확하게 천체를 관측할 수 있는 망원경이 필요했고 그러기 위해서는 망원경의 지름이 커야만 했다.

1917년 미국 시카고 대학에서 천문학 박사가 된 허블은 마운트 윌슨 천문대에서 천문학 연구를 했다. 이 천문대는 당시 세계에서 가장 큰 망원경을 가지고 있었는데, 이 망원경의 지름은 무려 2.5m나 되었다.

   세상에서 가장 쉬운 과학 수업 우주팽창이론

마운트 윌슨 천문대의 망원경

허블은 이 망원경을 이용하여 지구로부터 90만 광년 떨어진 거리에 있는 별을 발견했다. 그 별은 마치 성운처럼 보이는 천체 속에서 관측되었다. 우리 은하의 지름이 10만 광년이므로 이 별은 우리 은하의 별은 아니었다. 허블은 좀 더 정밀한 관측을 통해 이 별은 새로운 은하의 별이라는 것을 알아냈다. 이것이 바로 우리 은하에서 가장 가까운 은하로 최초의 외부은하인 안드로메다은하이다.

하지만 당시 별까지의 거리에 대한 허블의 관측은 그리 정확하지 않았다. 최근의 관측 자료에 의하면 안드로메다은하까지의 거리는 약 250만 광년으로 알려져 있다. 그 후 과학자들은 우주에는 수많은 은하가 있다는 것을 알아냈다.

안드로메다은하

　안드로메다은하의 발견보다 허블의 이름을 더욱 유명하게 한 것은 우주팽창의 발견이다. 1929년 허블은 안드로메다은하가 우리 은하로부터 점점 멀어지고 있다는 것을 관측했다. 즉 우주가 점점 커지고 있다는 증거를 찾은 것이다.

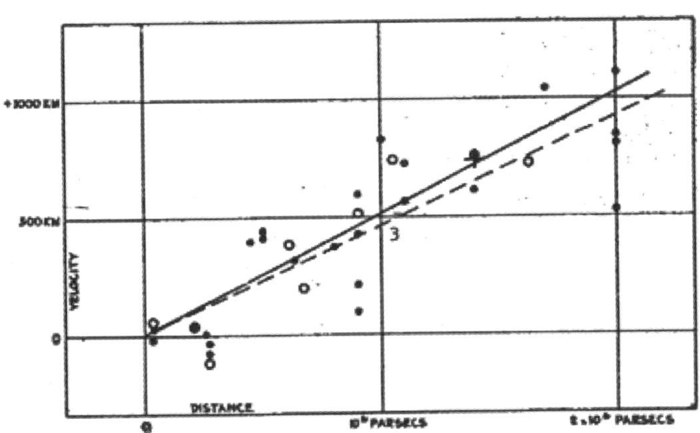

허블이 관측한 외부 은하의 속도와 거리 관계(1929년) ※ 출처: Hubble

　　　　　　　　세상에서 가장 쉬운 과학 수업 우주팽창이론

왜 그럴까? 풍선을 불기 전에 스티커를 붙이자. 이때 스티커들 사이의 거리는 아주 가깝다. 풍선을 점점 크게 불어보라. 풍선이 점점 커지면서 스티커들 사이의 거리가 점점 멀어질 것이다.

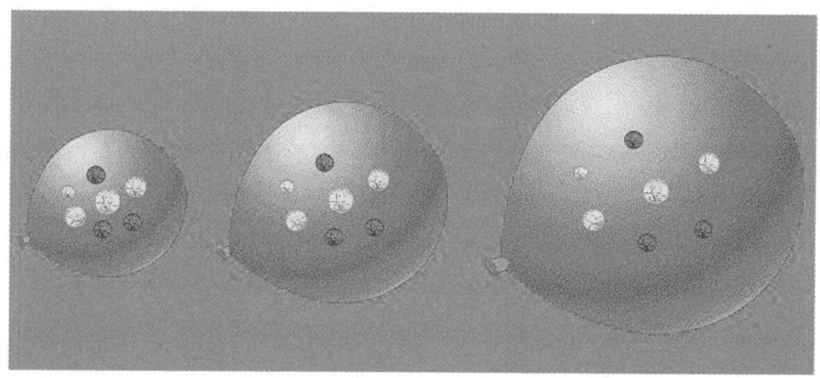

여기서 풍선을 우주로, 스티커를 은하로 생각해보라. 우주가 점점 커지면 은하와 은하 사이의 거리가 점점 멀어진다는 것을 알 수 있다. 그러므로 허블의 관측은 우주가 점점 팽창하고 있다는 것을 뜻한다.

우주가 점점 팽창하고 있다면 우리 우주는 처음에 아주 작았을 것이다. 허블이 우주팽창 사실을 알아낸 후 과학자들은 우리 우주가 아주 작은 크기에서 출발해 점점 커져 지금의 우주 크기가 되었다고 결론을 내리게 되었다.

허블은 우리 은하 주위의 여러 은하가 우리에게서 멀어지는 속도가 그 별들과 우리 사이의 거리와 관계있다는 사실을 알아냈다. 그의 관측에 따르면 가까이 있는 은하는 천천히 멀어지고, 멀리 있는 은하는 빠르게 멀어졌다. 이것은 은하가 멀어지는 속도가 은하와 우리 은하 사이의 거리에 비례한다는 것을 뜻하는데, 이것을 '허블의 법칙'이라고 부른다.

허블은 이 법칙을 이용하여 우리 우주의 나이를 계산했다. 즉 모든 은하가 달라붙어 있었을 때를 우리 우주의 처음 시작이라고 하면 지금 떨어져 있는 은하들 사이의 거리로부터 우주의 나이를 구할 수 있다.

허블의 법칙을 수식으로 쓰면 V를 우리 은하로부터 다른 은하가 멀어지는 속도, R을 우리 은하와 다른 은하의 거리라 하면

$$V = H \times R$$

이 된다. 여기서 H는 '허블상수'라고 부른다.

한편 (거리) = (시간) × (속력)이므로

$$\text{시간} = \frac{\text{거리}}{\text{속도}} = \frac{R}{V} = \frac{1}{H}$$

이 된다. 여기서 시간은 지금의 모습이 될 때까지 우주가 팽창해온 시간이므로 우주의 나이이다.

허블은 이 법칙을 토대로 우주의 나이를 계산했다. 천문학에서는 별까지의 거리의 단위로 파섹을 많이 사용한다. 1파섹은 3.26광년이다. 허블의 관측 결과, 허블상수는 100만 파섹당 초속 520km였다. 이 값을 허블의 법칙에 대입하면 우주의 나이는 20억 년이 되었다. 그런

데 지구의 나이는 45억 년이다. 그러면 지구가 먼저 태어나고 나중에 우주가 태어났다는 얘기인가? 그렇지는 않다. 이것은 은하와 은하 사이의 거리가 정확하지 않아 우주의 나이가 잘못 계산되었기 때문이다. 현재에도 은하와 은하 사이의 거리를 완전히 정확하게 측정할 수는 없지만 허블의 법칙에 따라 우주 나이를 재보면 우주 나이는 110억에서 220억 년 사이에 있다. 과학자들은 여러 가지 다른 이론을 토대로 우주의 나이를 138억 년이라고 추정하고 있다.

허블의 법칙으로 올베르스 패러독스가 해결되었다. 우주가 처음 만들어진 이래 계속 팽창해왔다면 우주의 크기는 상상할 수 없을 만큼 클 것이다. 그리고 우주의 나이는 유한한 138억 년이라고 하자. 그러므로 우주의 나이로 빛이 갈 수 있는 거리인 138억 광년보다 더 멀리 떨어진 곳에서 지구를 향해 오고 있는 별빛은 아직 지구에 도달하지 못했을 것이다. 즉 지구로부터 138억 광년 이상 떨어진 곳의 별빛은 볼 수 없다. 그래서 우리가 보지 못하는 별들이 우리가 볼 수 있는 별보다 훨씬 더 많아 밤하늘이 어두운 것이다. 이때 138억 광년이라는 거리는 볼 수 있는 우주와 볼 수 없는 우주의 경계이다. 그래서 이 경계를 '우주의 지평선'이라 부른다.

가모프의 빅뱅 이야기 _ 우주는 어떻게 시작되었을까?

물리군 우주가 지금까지 팽창했다면 우주가 탄생했을 때는 우주의 크기가 거의 한 점이었겠네요.

정교수 그렇게 생각하는 우주 탄생 이론을 '빅뱅이론'이라고 불러. 1948년 프리드만의 제자인 러시아의 천문학자 가모프가 주장했지. 그는 우주가 탄생할 때는 현재의 우주의 모든 질량이 한 점에 모여 있으므로 밀도가 상상할 수 없을 정도로 컸을 거라고 생각했어.

게오르기 안토노비치 가모프(Georgiy Antonovich Gamov, 1904~1968, 러시아 – 미국)

가모프는 이와 더불어 우주가 탄생할 때는 우주가 우리가 상상할 수도 없는 뜨거운 불덩어리였고 이것이 대폭발(빅뱅)을 일으켰다고 생각했다. 여기서 대폭발이란 물질과 물질 사이의 공간이 갑자기 팽창하는 것을 말한다.

세상에서 가장 쉬운 과학 수업 우주팽창이론

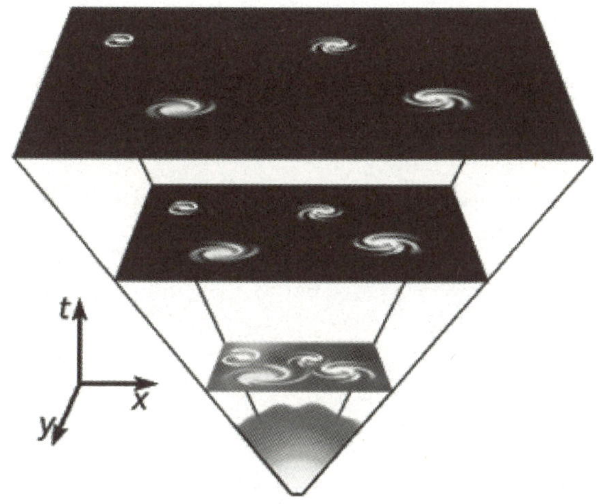

빅뱅에서 출발하여 팽창하고 있는 우주 ※ 출처: Magnus Manske at en.wikipedia.com

물리군 왜 가모프는 초기의 우주가 뜨거워야 한다고 주장했죠?

정교수 가모프는 현재까지 우리에게 알려진 모든 원소가 만들어지기 위해서는 초기 우주의 온도가 엄청나게 높아야 함을 알아냈어. 가모프의 빅뱅이론에 의하면 우주가 태어나 5분이 지났을 때 우주의 온도는 약 10억도였지.

원소들이 만들어지는 과정을 좀 더 자세히 살펴보자. 수소, 산소, 철과 같은 원소들은 원자로 이루어져 있다. 원자는 원자핵과 그 주위를 도는 전자로 이루어져 있는데, 전자는 음의 전기를 띠고 있다. 원자핵은 양의 전기를 띠고 있으며, 전자보다 약 2,000배 정도 무거운 양성자들과 전기를 띠고 있지 않으며 양성자와 질량이 거의 같은 중성자들로 이루어져 있다. 원자핵을 이루는 양성자와 중성자를 통틀

어서 '핵자'라고 부른다.

가모프는 우주의 온도가 수십억 도가 되는 뜨거운 우주일 때는 양성자와 중성자들이 서로 달라붙으려고 하지 않지만 우주가 팽창하면서 우주의 온도가 내려가면 양성자와 중성자들이 서로 달라붙어 중수소, 삼중수소, 헬륨 핵 그리고 더 무거운 핵을 만든다고 생각했다. 이렇게 원자핵을 이루는 핵자들이 뜨거운 온도에서 서로 달라붙는 현상을 '핵융합 현상'이라고 부른다.

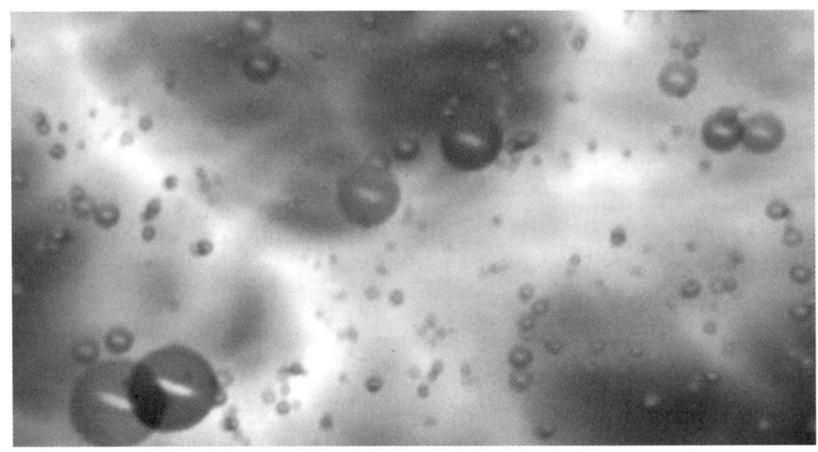

핵융합 현상

가모프는 이런 핵융합 반응으로 우주 탄생부터 30분 동안 모든 원소가 만들어졌다고 생각했다. 수소에서 우라늄까지 92종의 원소를 요리의 종류로 생각하면 이 요리들이 공통된 하나의 재료로 만들어진다는 것이 가모프의 생각이다.

　세상에서 가장 쉬운 과학 수업 우주팽창이론

가모프가 생각한 하나의 재료는 중성자였다. 아주 뜨거운 온도에서는 중성자가 양성자로 바뀌는 일이 생기는데, 이렇게 중성자 중 일부가 양성자로 바뀌면서 양성자와 중성자로 이루어진 모든 원소가 원자핵이 만들어진다는 것이 가모프의 생각이었다. 그의 이론에 의하면, 양성자 두 개와 중성자 두 개가 핵융합되어 헬륨의 핵을 만드는 식으로 별 속에서 무거운 원소의 원자핵이 만들어진다.

가모프의 이러한 주장에 대해 핵물리학의 권위자인 페르미는 강한 의심을 품었다. 그러고는 가모프의 이론을 면밀하게 검토했다. 그 결과, 가모프의 방법대로는 철보다 가벼운 원소들은 만들어지지만 철보다 무거운 원소들은 만들어질 수 없다는 것을 알아냈다.

그렇다면 철보다 무거운 원소는 어떻게 만들어지는가? 이 문제는 약 10년 동안 풀리지 않다가 1957년 영국 케임브리지 대학의 호일, 마가렛, 버비지와 미국 캘리포니아 공과대학의 파울러에 의해 해결되었다. 그들은 철보다 가벼운 원소와 철은 별이 늙으면서 핵융합으로 별 내부에서 만들어지며, 철보다 무거운 원소는 늙은 별이 초신성으로 폭발할 때 만들어진다는 것을 알아냈다.

그 후 여러 실험을 통해 가모프의 주장대로 모든 원소가 우주 초기에 중성자로부터 만들어지는 것이 아니라 수소와 헬륨만이 우주가 탄생할 때 만들어지고 나머지 원소는 별 속에서 만들어진다는 것이 확인되었다.

세 과학자가 꿈꾼 정상우주론 _끝도 시작도 없는 우주

정교수　우주 탄생 이론에는 가모프의 빅뱅이론만 있었던 것은 아니었어.

물리군　어떤 다른 이론이 있죠?

정교수　호일과 본디, 골드가 주장한 '정상우주론'이 있어. 일단 이 세 사람의 과학자에 대해 알아볼게. 먼저 호일을 소개할게.

프레드 호일(Fred Hoyle, 1915~2001, 영국)

호일은 영국 요크셔 지방의 길스테드(Gilstead)에서 태어났다. 그의 아버지 벤 호일(Ben Hoyle)은 바이올리니스트였고 어머니 메이블 피커드는 런던의 왕립 음악대학에서 음악을 공부한 피아니스트였다. 호일은 빙리 학교(Bingley Grammar School)에서 중등 과정을 공부하고 케임브리지 대학 에마뉘엘 컬리지에서 수학을 공부했다.

케임브리지 대학 에마뉘엘 컬리지

1940년 말, 호일은 케임브리지를 떠나 포츠머스로 가서 해군성에서 레이더 연구를 담당했다. 영국의 레이더 프로젝트는 대규모 작전이었으며, 이 작업에 참여한 두 명의 동료는 헤르만 본디와 토마스 골드였다. 당시 이 세 사람은 우주론에 대해 많은 토론을 했다.

1945년 전쟁이 끝난 후 호일은 케임브리지 대학의 세인트존스(St John's College)의 강사로 재직했고 1958년 천문학 및 실험 철학 교수로 임명되었다.

두 번째로 소개할 과학자는 본디이다. 본디는 오스트리아 빈에서 유대인 의사의 아들로 태어났다. 그는 빈에서

헤르만 본디(Hermann Bondi, 1919~2005, 오스트리아-영국)

자랐으며 레알 김나지움에서 공부했다. 그는 일찍부터 수학에 뛰어
난 재능을 보였고, 아브라함 프렌켈(Abraham Fraenkel)에 의해 아
서 에딩턴(Arthur Eddington)에게 추천되어 케임브리지 트리니티
칼리지에서 수학을 공부했다. 1946년에 영국 국적을 취득한 본디는
1945년부터 케임브리지 대학에서 수학을 가르쳤다.

마지막으로 소개할 과학자는 골드이다.

토머스 골드
(Thomas Gold, 1920~2004, 오스트리아)

골드는 1920년 오스트리아 빈에서 오스트리아 최대의 광산 및 금
속 가공 회사 중 하나를 운영하던 부유한 유대인 기업가인 막스 골드
와 독일의 전직 여배우 요제핀 마틴 사이에서 태어났다. 1920년대 후
반 유럽 광산 산업이 경제적으로 몰락하자 막스 골드는 가족과 함께
베를린으로 이주하여 금속 무역 회사의 이사로 취직했다. 1933년 나
치 지도자 아돌프 히틀러의 반유대주의 캠페인이 시작되자, 골드와

     세상에서 가장 쉬운 과학 수업 우주팽창이론

그의 가족은 독일을 떠나 몇 년 동안 유럽을 여행했다.

　토머스 골드는 스위스 주오즈(Zuoz)에 있는 기숙 학교에 다녔고 1938년 초 독일의 오스트리아 침공 이후 가족과 함께 영국으로 도망쳤다. 골드는 1939년 케임브리지의 트리니티 칼리지에 입학하여 기계공학을 공부했다. 1940년 5월, 히틀러가 벨기에와 프랑스로 진격을 시작했을 때, 골드는 영국 정부에 의해 적국의 외국인으로 분류되어 본디와 함께 억류되었다. 골드는 거의 15개월의 억류 기간 대부분을 캐나다의 수용소에서 보낸 후 영국으로 돌아와 케임브리지 대학에 재입학하여 물리학을 공부하기 위해 기계공학 공부를 포기했다.

　제2차 세계대전이 끝나자마자 호일과 본디는 케임브리지로 돌아갔고, 골드는 1947년까지 해군연구소에 머물렀다. 그 후 그는 케임브리지의 캐번디시 연구소에서 일하기 시작하여 세계에서 가장 큰 마그네트론을 만드는 연구를 했고 공명이 인간의 귀에 미치는 영향에 관한 연구도 수행했다.

물리군　세 사람은 해군연구소에서 만났군요.

정교수　맞아. 1948년 호일은 동료인 본디, 골드와 함께 가모프의 빅뱅이론을 부정하는 새로운 우주론을 주장했어. 그들이 주장한 우주론은 흔히 '정상우주론'이라고 불리는데, 우주가 한 점에서 빅뱅에 의해 팽창해온 것이 아니라 우주의 모습은 한결같은 모습이라는 것이지. 아주 옛날의 우주의 모습도 지금과 같은 모습이며, 앞으로도 우주는 영원히 지금과 같은 모습을 유지한다는 것이야.

친구 사이인 호일과 골드, 본디는 자주 본디의 집에 모여 토론을
벌였고, 이 과정에서 정상우주론을 만들었다. 허블에 의한 우주팽창
은 명백했기 때문에 그들 역시 받아들일 수밖에 없었다. 그렇게 되
면 시간이 지남에 따라 우주의 밀도는 작아진다. 골드는 우주가 한결
같은 모습이려면 우주의 밀도가 그대로 유지되어야 하므로 팽창으로
넓어진 공간에 새로운 물질이 만들어져야 한다.

밀도는 질량을 부피로 나눈 값이다. 그런데 우주가 팽창하게 되면
같은 부피 안에 들어 있는 천체의 수가 줄어들게 되므로 질량이 작아
진다. 그러므로 밀도가 낮아진다. 따라서 그사이에 질량을 가진 물질
이 만들어지면 부피와 질량이 동시에 증가해 우주의 밀도가 그대로
유지될 수 있다.

정상우주론에 의하면 우주는 시작도 끝도 없으므로 우주의 나이는
무의미한 얘기이고 굳이 우주의 나이를 얘기하자면 무한대라고 말할
수 있다. 반면, 빅뱅이론에 의하면 우주가 한 점 우주에서 대폭발하여
팽창해왔으므로 우주의 나이는 유한해야 하고 그것은 대략 138억 년
이다.

정상우주론으로도 풀리지 않는 의문은 존재한다. 그 의문은 다음
과 같다.

새로 만들어진 물질은 어디에 있는가?

이 의문에 대해 호일은 정상우주론에 따르면 $1cm^3$의 우주 공간에서

10억 년에 수소 원자 1개 정도가 만들어지는 정도이므로 너무나 희박한 양의 물질이 만들어지기 때문에 새로 만들어지는 물질은 관측하기가 불가능하다고 주장했다.

우주배경복사선이 밝혀낸 빅뱅의 진실 _전파 속에 숨겨진 우주의 시작

물리군 거의 같은 시기에 완전히 정 반대되는 두 개의 우주론이 등장했네요. 그렇다면 어느 이론이 옳은가요?

정교수 이 두 이론의 대결은 1950년대 천체물리학자들 사이에서 큰 관심을 끌었고 이로 인해 천체물리학자는 빅뱅이론을 지지하는 파와 정상우주론을 지지하는 파로 둘로 갈라졌어. 그러나 어느 쪽도 확실한 증거를 확보하지는 못했지. 그러던 중 1950년대 말, 지구에서 멀리 떨어져 있는 전파를 발산하는 은하가 발견되었고 이 은하는 '전파은하'라고 불렸어. 이렇게 멀리 떨어진 은하들은 대부분 전파은하였지만 우리 은하에서 가까운 곳에서는 전파은하가 하나도 발견되지 않았지.

전파은하

먼 곳에 있는 은하에서 온 빛은 우리에게 오는 데 오랜 시간이 걸린다. 먼 곳에 있는 전파은하는 과거의 은하이고 우리 은하 근처에 있는 은하는 현재에 가까운 시대의 은하이다. 그러면 왜 과거에는 전파를 내는 전파은하가 많고 현재는 전파은하가 없는 걸까? 이 문제는 은하들이 시간에 따라 진화하고 있음을 간접적으로 보여주는 예가 되므로 우주의 진화와 관련된 빅뱅이론으로는 설명할 수 있지만 우주가 항상 같은 모습이라는 정상우주론으로는 설명하기가 어려웠다.

1960년대 중반에 전파은하보다 더 먼 곳에 훨씬 더 강력한 에너지를 뿜어내는 '퀘이사'라는 천체가 발견되었다. 이 경우도 우리 은하 근처에서는 퀘이사를 발견할 수 없었다. 점점 정상우주론의 패색이 짙어지기 시작했다.

퀘이사

1931년 르메트르는 빅뱅의 흔적을 우주 속의 방사선을 통해 관측할 수 있을 거라 주장했다. 1934년 톨먼(Richard Chace Tolman,

   세상에서 가장 쉬운 과학 수업 우주팽창이론

1881~1948, 미국)은 우주의 팽창으로 인해 우주가 식었고 이로 인해 차가운 온도에 대응되는 복사선이 우주에 존재한다고 생각했다. 1948년 알퍼(Ralph Alpher)와 허먼(Robert Herman)과 가모프(George Gamow)는 빅뱅 이후 시간이 흐르면서 차가워진 우주의 온도가 절대온도 5K 정도라고 생각했다.

이들은 뜨거운 초기 우주의 흔적이 지금의 우주 속에 남아 있을 것이라 생각했다. 즉, 태초의 빛이 우주에 존재하고 우리에게 오고 있으며, 우주가 팽창하면서 우주의 온도가 내려갔으므로 이 빛도 파장이 매우 긴 전자기파가 되었을 거라 생각했다. 이것이 '우주배경복사선'이다. 그러나 이런 우주배경복사선은 정상우주론으로는 결코 설명할 수 없는 일이므로 만일 이 복사선이 관측된다면 그것은 빅뱅이론의 승리라고 볼 수 있었다.

우주배경복사선은 우주팽창에 의해 파장이 길어진 태초의 빛이다. 파장이 길어졌다는 말은 에너지가 작아졌다는 얘기이고 온도가 낮아졌다는 것이므로 우주는 팽창을 통해 식어가고 있다는 말이 된다. 온도가 낮다는 것은 에너지가 작다는 것을 의미한다. 가열된 물체는 빛을 내는데, 이때 온도가 낮은 물체에서 나오는 빛은 에너지가 작은 빛이다. 빛의 에너지는 파장이 짧을수록 커지므로 에너지가 작은 빛에서 나오는 빛은 파장이 긴 빛이다.

이제 우주배경복사선을 발견한 두 과학자에 대해 알아보자. 먼저 펜지어스에 대해 이야기해보자.

아노 앨런 펜지어스(Arno Allan Penzias, 1933~2024, 독일-미국, 1978년 노벨 물리학상 수상)

펜지어스는 독일 뮌헨에서 태어났다. 그의 아버지는 가죽 사업을 운영하고 있었다. 그의 부모는 그가 어렸을때 나치 독일을 떠나 영국을 거쳐 미국으로 갔고, 1940년 뉴욕시 브롱크스에 정착했다. 1946년, 펜지어스는 미국 시민권자로 귀화했다.

펜지어스는 1951년 브루클린 공업 고등학교를 졸업하고 뉴욕 시립대학에서 화학을 공부하기 위해 입학한 후 전공을 바꿔 1954년에 물리학 학위를 받았다. 졸업 후, 펜지어스는 미 육군 통신대에서 레이더 장교로 2년 동안 복무했다. 이로 인해 그는 컬럼비아 대학 방사선 연구소(Columbia University Radiation Laboratory)에서 연구 조교로 일하게 되었고, 당시에는 마이크로파 물리학에 깊이 관여했다. 펜지어스는 메이저를 발명한 타운스의 지도를 받아 1962년에는 물리학 박사 학위를 받았다.

세상에서 가장 쉬운 과학 수업 우주팽창이론

뉴욕 시립대학

두 번째로 소개할 과학자는 윌슨이다.

로버트 우드로 윌슨(Robert Woodrow Wilson, 1936~, 미국, 1978년 노벨 물리학상 수상)

윌슨은 1936년 미국 텍사스주 휴스턴에서 태어났다. 그는 휴스턴의 리버 오크스에 있는 라마 고등학교를 졸업하고, 라이스 대학에 다닌 후 캘리포니아 공과대학(California Institute of Technology)에서 물리학 박사 학위를 취득했다.

캘리포니아 공과대학

　미국 뉴저지주에 있는 벨 연구소에서 펜지어스와 윌슨은 거대한 뿔 모양의 안테나를 이용해 인공위성에서 발생한 텔레비전 음향을 방해하는 낮은 방해전파를 연구하고 있었다.

펜지어스(왼쪽)와 윌슨

　　　　　　세상에서 가장 쉬운 과학 수업 우주팽창이론

벨 연구소에 설치된 거
대한 뿔 모양의 안테나

펜지어스와 윌슨의 주요 임무는 이 안테나로 텔스타 위성과 통신할 수 있도록 준비하는 일이었다. 작업이 완료되는 대로 그들은 안테나를 이용하여 천체물리학 연구를 할 예정이었다. 이 안테나는 짧은 파장의 전자기파인 마이크로파를 수신할 수 있었다.

텔스타 프로젝트가 끝난 후 그들은 원하는 천체물리학 관측을 하려고 했다. 그때 확인되지 않은 이상한 전파가 수신되었다. 천문학을 연구하는 데 이러한 전파가 방해물이라고 생각한 그들은 이 전파를 제거하려고 노력했다. 그러기 위해서는 그 전파가 어디에서 오는 것인가를 알아야 했다.

펜지어스와 윌슨은 이 전파가 외부은하, 주변 도시, 지구에서 오는 것일지도 모른다고 생각했다. 그러나 이 방해전파는 어느 방향에서도 항상 일정했다. 만일 전파가 특정한 곳으로부터 온 것이라면 방해

전파의 세기는 망원경의 방향에 따라 달라져야 한다. 그런데 모든 방향으로부터 일정한 세기의 전파가 수신되고 있다면 이 전파는 특정한 방향에 있는 외부은하나 뉴저지 주변의 큰 도시인 뉴욕이나 지구에서 오는 전파는 아니라는 결론에 도달했다.

그다음으로 그들은 이 전파가 증폭기에서 온 것이 아닌가 하는 의문을 품었다. 그러나 증폭기를 점검한 결과, 이 전파가 증폭기에서 온 것이 아님을 확인했다. 마지막으로 그들은 안테나를 살펴보았다. 그들은 안테나를 분리해 깨끗하게 세척한 뒤 모든 리벳 나사들을 알루미늄테이프로 감았다. 그럼에도 불구하고 전파는 여전히 잡혔다. 모든 요소를 제거하여도 여전히 미지의 전파가 모든 방향에서 일정하게 수신되었다. 그리하여 그들은 이 전파가 우주에서 오는 것이며 혹시 가모프가 주장한 우주배경복사선이 아닐까 하는 의문을 품었다.

그리고는 이 미지의 전파를 분석한 결과, 이것이 영하 270℃의 물체에서 뿜어나는 열복사선임을 알아냈다. 이것은 알퍼와 허먼과 가모프가 예언한 우주배경복사선이었다. 우주가 탄생할 때는 아주 뜨거운 온도에 대응되는 열복사선이었지만 우주가 팽창함에 따라 온도가 내려가면서 차가운 온도에 대응되는 열복사선으로 바뀐 전파였다. 우주배경복사선의 관측은 우주가 아주 뜨거운 상태에서 만들어졌고 팽창을 통해 식어왔다는 빅뱅이론의 승리를 가져다주었다. 이 발견으로 1978년 펜지어스와 윌슨은 노벨상을 받았다.

  세상에서 가장 쉬운 과학 수업 우주팽창이론

빛 이전의 우주 _ 빅뱅과 태초의 시간들

정교수　우주가 138억 년 동안 팽창을 해왔다면 시간을 거꾸로 돌려 우주의 초기에는 한 점에서 시작했을 거야. 이것이 가모프의 빅뱅이론에 의한 우주 탄생의 시나리오이지. 물론 정상우주론에 의하면 우주는 시작도 끝도 없이 지금과 같은 모습으로 유지되어왔겠지만, 펜지어스와 윌슨의 우주배경복사선의 발견으로 당시에는 정상우주론이 틀린 것으로 판명되었어. 이제 가모프의 빅뱅이론에 의해 우주 탄생의 시나리오를 추적해볼게.

현재의 우주를 거꾸로 수축시키면 우주의 모든 질량을 가지는 한 점으로 될 것이다. 이것이 호킹이 주장한 우주의 시초인 특이점이다. 여기서 얘기하는 특이점은 블랙홀에서 얘기한 특이점으로서 밀도와 중력이 무한대인 점이다. 앞에서 얘기한 것처럼 특이점에서는 시간과 공간도 정의되지 않고 어떠한 물리법칙도 적용되지 않는다.

우주의 시초인 특이점에서는 어떠한 물리법칙도 적용되지 않는다.

이 특이점 상태에서 우주는 빅뱅을 일으켜 드디어 우주에 시간과 공간이 정의된다. 그때 우주에는 물질과 반물질이 생겨난다. 여기서 반물질이란 영국의 디랙에 의해 예언된 입자를 말하는데, 모든 입자는 자기의 파트너인 반입자를 갖는다. 예를 들어 전자는 우리에게 친숙한 입자이다. 그러면 전자의 반입자란 무엇을 말하는가? 전자의 반입자는 전자와 질량은 같고 전하량이 반대인 입자로, 디랙의 예언이 있고 나서 미국의 앤더슨에 의해 발견되었다. 그 후 양성자와 질량은 같고 전하량은 반대인 양성자의 반입자 반양성자가 발견되는 등 많은 알려진 입자에 대해 그 입자의 반입자가 계속 발견되었다.

폴 디랙(Paul A.M. Dirac, 1902~1984, 영국)

디랙의 이론에 의하면 모든 입자는 자신의 반입자를 가지며 두 입자의 에너지는 크기는 같지만 에너지의 부호가 반대인 것으로 알려져 있다. 즉 전자의 에너지가 양이라면 전자의 반입자 에너지는 음의

   세상에서 가장 쉬운 과학 수업 우주팽창이론

부호를 갖는다. 디랙은 입자와 반입자가 만나면 빛으로 사라지고 높은 에너지를 가진 빛(감마선)은 입자와 반입자를 동시에 만든다는 가설을 세웠고 실험을 통해 디랙이 주장한 물질의 사라짐과 만들어짐에 대한 가설이 옳다는 것이 판명되었다.

다시 가모프의 빅뱅이론에 의해 우주 탄생 시나리오로 돌아가 보자.

우주는 탄생 직후 100억 분의 일 초의 백억 분의 일의 다시 100억 분의 일보다 더 짧은 시간이 지나 엄청나게 커다란 우주로 팽창한다. 이러한 급격한 팽창을 인플레이션이라고 하는데, 경제학에서 물건값이 너무 올라 햄버거 하나를 먹기 위해 화폐를 트럭으로 싣고 가야 하는 경우에 사용되는 용어이다. 우주가 태어났을 때는 물질이 전혀 없는 진공상태였다. 양자론에 따르면 물질이 없는 진공도 진동을 하는데, 이 진동에너지가 바로 인플레이션을 일으킨다.

인플레이션이 일어난 후 우주에는 진공 에너지가 열에너지로 바뀌어 상상할 수 없을 정도로 뜨거운 우주가 만들어진다. 이때 빛과 수많은 소립자가 만들어진다. 이때 소립자의 반입자들도 동시에 만들어지는데, 소립자보다는 반입자가 조금 더 적게 만들어진다. 소립자와 반입자가 충돌해 빛으로 바뀌면서 우주는 빛으로 가득 차고 반입자는 모두 사라지고 우주에는 소립자만이 남아 현재의 우주 물질의 토대가 된다. 이때 만들어지는 소립자는 주로 쿼크이다.

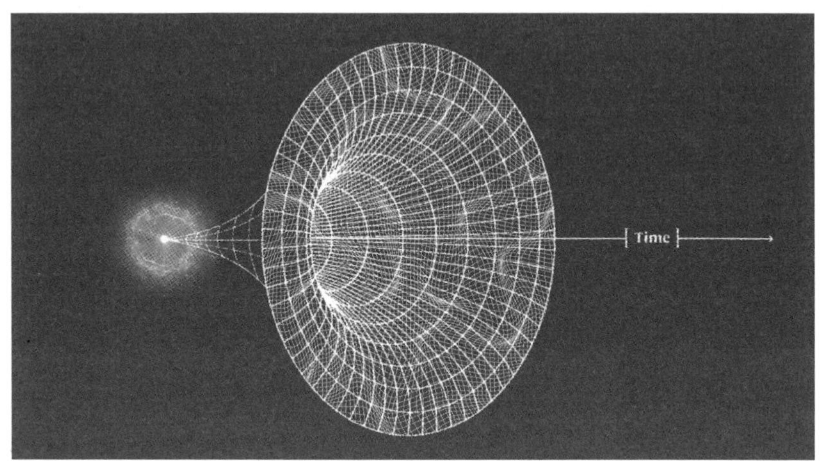

가모프의 빅뱅이론에 의한 우주 탄생 시나리오

우주 탄생 후 3분이 지나면 우주가 점점 커지면서 우주의 온도가 내려간다. 우주의 온도가 약 1조℃가 되면서 쿼크가 모여 양성자(수소의 원자핵)와 중성자를 만든다. 우주가 더 차가워져 10억℃가 되면 양성자와 중성자가 핵융합에 의해 달라붙어 헬륨의 원자핵을 만든다. 이 시기에 생겨난 원자핵의 92%는 수소 원자핵이고 나머지가 헬륨의 원자핵이다.

우주 탄생 후 10만 년이 흘렀을 때 이때도 우주는 계속 팽창하고 그로 인해 온도는 낮아지고 밀도도 작아진다. 하지만 아직도 온도가 높아서 전자들은 원자핵에 붙잡히지 않고 우주 공간을 자유롭게 돌아다닌다. 빛은 전자와의 충돌로 직진하지 못하게 된다. 그러므로 이로 인해 빛이 직진하지 못해 안개 속처럼 멀리 내다볼 수 없는 불투명한 우주가 된다.

   세상에서 가장 쉬운 과학 수업 우주팽창이론

우주 탄생 후 38만 년이 지나면 우주의 온도는 3,000℃까지 내려간다. 그러자 전자는 원자핵에 붙잡혀 원자가 만들어진다. 수소의 원자핵은 하나의 전자를 붙잡아 수소 원자가 되고 헬륨의 원자핵은 두 개의 전자를 붙잡아 헬륨 원자가 된다. 그러자 빛은 전자와 충돌을 하지 않아 직진하게 되면서 맑게 갠 우주의 모습이 된다.

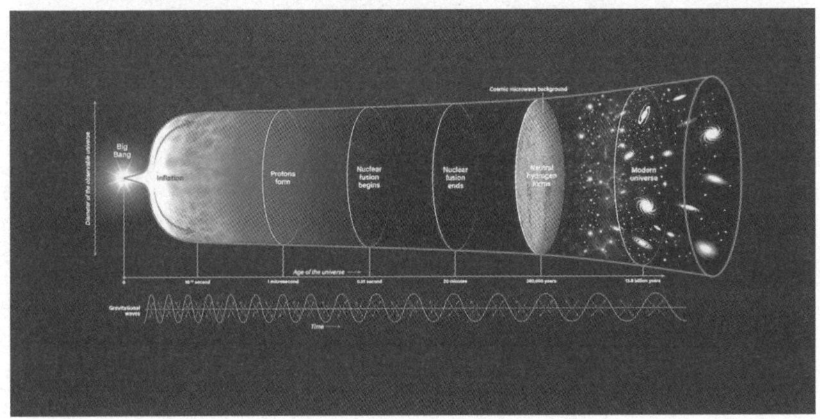

우주 탄생 시나리오

팽창하는 우주, 수학으로 읽다

우주의 설계도를 그린 과학자 _피블스와 현대 우주론의 탄생

정교수　이제 우주론으로 2019년 노벨 물리학상을 받은 피블스의 업적을 이야기해볼게.

피블스는 캐나다 위니펙 근처의 세인트 보니파스에서 태어났다. 그의 아버지는 위니펙 곡물거래소의 직원이었다. 그는 매니토바 대학을 다닌 후 미국 프린스턴 대학에서 학업을 계속하여 1962년에 박사 학위를 받았다.

제임스 피블스(Phillip James Edwin Peebles, 1935~, 캐나다계 미국, 2019년 노벨 물리학상 수상)

매니토바 대학

피블스는 자신이 모형 비행기 같은 것을 만드는 것을 좋아한다는 것을 알고 있었고, 엔지니어가 뭔가를 만든다는 인상을 받았기 때문에 매니토바 대학에서 공학을 전공했다. 그는 미적분학을 접하고 물리학을 배우게 되면서 물리학으로 전공을 바꾸었다.

피블스는 입자 물리학을 전공할 생각으로 프린스턴 대학에 들어갔지만 중력을 연구하는 디케 교수를 만나면서 중력에 관심을 두게 되었다. 그리고 그는 디케 교수의 중력 연구 그룹(Gravity Research Group)에 들어갔다.

중력 연구 그룹을 이끈 디케 교수

1964년 이래 피블스의 연구는 대부분 우주의 기원을 밝히기 위한 물리적 우주론 분야였다. 피블스 역시 우주배경복사선을 예측한 과학자 중의 한 명이었다. 피블스는 1970년대 우주 구조 형성 이론의 선도적인 선구자였다. 1970년 피블스와 대학원생인 저 유(Jer Yu)는 우주의 물질 밀도에 따라 우주배경복사선이 어떻게 변하는지를 연구했다.

휘어진 시공간에서 우주를 그리다 _ 아인슈타인 방정식

정교수 아인슈타인 방정식에 대해 조금만 복습해볼게. 이 내용을 알려면 이 시리즈의 「일반상대성이론」을 읽어야 해. 만일 네가 그걸 읽지 않았다면 이 단원을 이해할 수 없을 거야.

물리군 「일반상대성이론」은 지난달에 읽었어요.

정교수 좋아. 그럼 두 사람의 논문 속으로 들어가 볼까? 그러기 위해서는 먼저 아인슈타인 방정식[16]을 알아야 해. 아인슈타인은 우주는 4차원 시공간이고 우주를 이루는 물질들로 인해 우주는 휘어져 있다고 생각했어. 이렇게 휘어진 시공간에서 불변 시공간 간격은

$$ds^2 = \sum_{a=0}^{3} \sum_{b=0}^{3} g_{ab}\, dx^a\, dx^b \tag{5-2-1}$$

이 되고, 여기서 g_{ab}는 휘어진 시공간에의 계량이라고 불러. 이 계량이 바로 우주가 어떤 모습으로 휘어져 있는지를 알려주지. 이때 g_{ab}는 4차 정사각행렬의 (a, b)성분을 나타내고, 그 역행렬의 (a, b)성분을 g^{ab}라고 하면

$$\sum_{c=0}^{3} g^{ac} g_{cd} = \delta_d^a \tag{5-2-2}$$

이 되지.

---

16) Einstein, Albert(1916), "The Foundation of the General Theory of Relativity", Annalen der Physik, 354 (7): 769.

아인슈타인은 우주가 식 [5-2-1]에 의해 묘사될 때

$$R_{ab} - \frac{1}{2}Rg_{ab} = M_{ab}$$

를 만족한다는 것을 알아냈는데, 이것을 '아인슈타인 방정식'이라고 불러. 여기서 M_{ab}는 물질에 대응되는 어떤 양이야. 그리고 크리스토 펠 기호는

$$\Gamma_{abc} = \frac{1}{2}[\partial_c g_{db} + \partial_b g_{dc} - \partial_d g_{dc}]$$

$$\Gamma^a_{bc} = \sum_{d=0}^{3} g^{ad}\Gamma_{dbc}$$

이 되고, 리만 텐서는

$$R^a_{bcd} = \partial_c \Gamma^a_{bd} - \partial_d \Gamma^a_{bc} + \sum_{e=0}^{3} \Gamma^a_{ec}\Gamma^e_{bd} - \sum_{e=0}^{3} \Gamma^a_{ed}\Gamma^e_{bc}$$

$$R_{abcd} = \partial_c \Gamma_{bda} - \partial_d \Gamma_{bca} + \sum_{e=0}^{3} \Gamma_{ade}\Gamma^e_{bc} - \sum_{e=0}^{3} \Gamma_{ace}\Gamma^e_{bd}$$

이 되지. 이것으로부터 리치 텐서는

$$R_{ab} = \sum_{c=0}^{3} R^c_{acb} = \sum_{c=0}^{3} \partial_c \Gamma^c_{ab} - \sum_{c=0}^{3} \partial_b \Gamma^c_{ac} + \sum_{c=0}^{3}\sum_{d=0}^{3} \Gamma^c_{ab}\Gamma^d_{cd} - \sum_{c=0}^{3}\sum_{d=0}^{3} \Gamma^d_{bc}\Gamma^c_{ad}$$

또는

$$R_{bd} = \sum_{a=0}^{3} \sum_{c=0}^{3} g^{ac} R_{abcd}$$

로 정의해. 그리고

$$R = \sum_{a=0}^{3} \sum_{b=0}^{3} g^{ab} R_{ab}$$

로 정의하는데 이것을 '리만 곡률'이라고 불러.

물리군　『일반상대성이론』을 다시 한번 읽어야겠어요.

정교수　좋은 생각이야. 그 책을 옆에 놓고 이 책을 읽으면 이해하기 쉬울 거야.

평평한 우주의 시공간 간격 _ 프리드먼과 르메르트의 시선

정교수　만일 우주에 어떠한 물질도 없으면 우주는 평평할 거야. 이때 불변 시공간 간격은

$$ds^2 = c^2 dt^2 - dx^2 - dy^2 - dz^2 \tag{5-3-1}$$

이 돼. 여기서 우리는

$$x^0 = ct$$

$$x^1 = x$$

$$x^2 = y$$

$$x^3 = z$$

라고 두었어. 그러니까 계량은

$$g_{ab} = \begin{bmatrix} 1 & 0 & 0 & 0 \\ 0 & -1 & 0 & 0 \\ 0 & 0 & -1 & 0 \\ 0 & 0 & 0 & -1 \end{bmatrix}$$

이 되지. 식 [5-3-1]은

$$ds^2 = c^2 dt^2 - dl^2$$

이라고 쓰고 dl^2을 불변 공간 간격이라고 불러. 즉,

$$dl^2 = dx^2 + dy^2 + dz^2$$

이 되지.

프리드만과 르메르트는 우주가 공 모양이라고 생각했어. 공 모양의 우주에 대해서는 구좌표계를 써야만 해.

공간에서의 점 $P(x, y, z)$를 구좌표계로 나타내는 방법을 알아볼게.

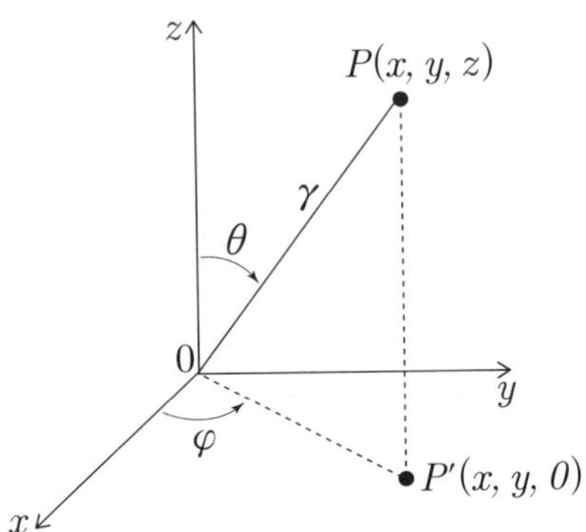

구좌표계는 원점 O에서 점 P까지의 거리 r과 P점의 xy평면으로의 그림자 점을 P′$(x, y, 0)$이라고 할 때 OP′과 x축의 양의 방향이 이루는 각 ϕ와 z축과 OP의 사잇각 θ로 구성된다. 즉 P점은 데카르트 좌표계로 나타내면

P(x, y, z)

이지만 구좌표로 나타내면

P(r, θ, ϕ)

가 된다. 여기서 θ를 편각, ϕ를 방위각이라고 한다. 이때 편각의 범위는

$$0 \leq \theta \leq \pi$$

이 된다. 즉 북극점의 편각은 $\theta = 0$이고 남극점의 편각은 $\theta = \pi$이다. 한편, 방위각의 범위는

 세상에서 가장 쉬운 과학 수업 우주팽창이론

$$0 \leq \phi \leq 2\pi$$

이다.

이때 불변 공간 간격은

$$dl^2 = dr^2 + r^2 d\theta^2 + r^2 \sin^2\theta d\phi^2$$

이 된다. 여기서

$$d\Omega^2 = d\theta^2 + \sin^2\theta d\phi^2$$

이라고 두면

$$dl^2 = dr^2 + r^2 d\Omega^2$$

이 되고, 구좌표계로 나타낸 불변 시공간 간격은

$$ds^2 = c^2 dt^2 - dr^2 - r^2 d\theta^2 - r^2 \sin^2\theta d\phi^2$$

또는

$$ds^2 = c^2 dt^2 - dr^2 - r^2 d\Omega^2$$

이 된다.

그러니까 구좌표계인 경우에는

$$x^0 = ct$$

$$x^1 = r$$

$$x^2 = \theta$$

$$x^3 = \phi$$

가 되고, 계량은

$$g_{ab} = \begin{bmatrix} 1 & 0 & 0 & 0 \\ 0 & -1 & 0 & 0 \\ 0 & 0 & -r^2 & 0 \\ 0 & 0 & 0 & -r^2\sin^2\theta \end{bmatrix}$$

이 된다.

우주 곡률이 그리는 세 가지 세계 _리만기하학의 이해

정교수 우리는 팽창하는 우주에 대해 생각할 거야. 우주를 공 모양이라고 생각하면 우주의 반지름이 점점 커지게 되지. 그러니까 불변 시공간 간격보다는 불변 공간 간격만 생각하면 돼. 이제 일정한 곡률를 가진 불변 공간 간격을 찾아볼게.

물리군 dl^2만 생각한다는 거죠?

정교수 맞아. 우리는 반지름이 a인 구면의 가우스 곡률은

$$K = \frac{1}{a^2}$$

으로 정의돼.[17] 즉 곡률을 알고 있으면 구면의 반지름을 알 수 있지.
이때 리만 텐서가

$$R_{abcd} = K(g_{ac}g_{bd} - g_{ad}g_{bc}) \tag{5-4-1}$$

로 주어지면 이때 리만 곡률은

$$R = 6K$$

가 되어 일정해지지.

물리군 왜 그런 거죠?

정교수 식 [5-3-1]에 대해 리치 텐서를 구하면

$$R_{bd} = \sum_{a=1}^{3} \sum_{c=1}^{3} g^{ac} R_{abcd}$$

$$= K \sum_{a=1}^{3} \sum_{c=1}^{3} g^{ac} (g_{ac}g_{bd} - g_{ad}g_{bc})$$

$$= K \sum_{a=1}^{3} \sum_{c=1}^{3} (\delta_a^a g_{bd} - \delta_d^c g_{bc})$$

$$= K(3g_{bd} - g_{bd})$$

$$= 2Kg_{bd}$$

---

17) 「일반상대성이론」(성림원북스) 1장 리만기하학 참고

가 돼. 따라서 리만 곡률은

$$R = \sum_{b=1}^{3} 2K\delta_b^b = 6K$$

가 되어, 가우스 곡률에 비례하지. 즉 가우스 곡률이 일정하면 리만 곡률도 일정하게 돼.

가우스 곡률은 꼭 양수일 필요는 없어. 곡면의 모양에 따라 달라지거든.

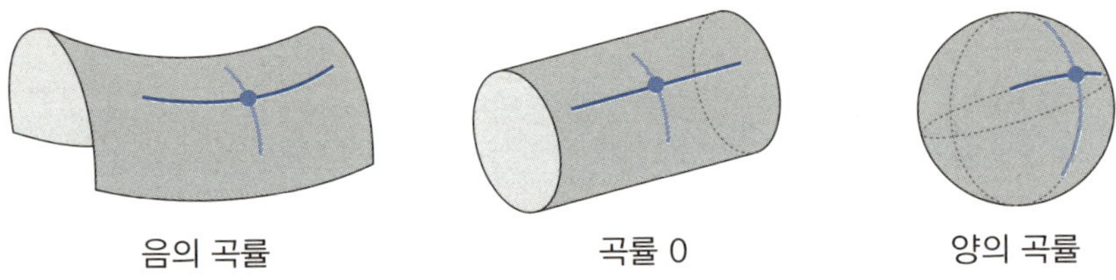

물리군　그러니까 K는 양수일 수도 있고, 0일 수도 있고, 음수일 수도 있군요.

정교수　맞아.

공 모양 우주의 수학적 묘사 _ 프리드만과 르메르트의 시공간 간격 이론

정교수 프리드만과 르메르트는 임의의 곡률을 갖는 공간의 계량을 다음과 같이 도입했어.

$$dl_0^2 = B(r)^2 dr^2 + d\Omega^2$$

여기서 $B(r)$은 이 공간의 가우스 곡률이 K가 된다는 조건으로부터 결정될 거야. 그러니까

$$g_{11} = g_{rr} = B$$

$$g_{22} = g_{\theta\theta} = r^2$$

$$g_{33} = g_{\phi\phi} = r^2\sin^2\theta$$

가 되지. 그러니까

$$R_{rr} = 2Kg_{rr} \tag{5-5-1}$$

$$R_{\theta\theta} = 2Kg_{\theta\theta} \tag{5-5-2}$$

$$R_{\phi\phi} = 2Kg_{\phi\phi} \tag{5-5-3}$$

가 돼. 리치 텐서의 정의로부터,

식 [5-5-1]은

$$\frac{B'}{rB} = 2KB \tag{5-5-4}$$

이 되고, 식 [5-5-2]는

$$1 - \frac{1}{B} + \frac{rB'}{2B^2} = 2Kr^2 \tag{5-5-5}$$

이 되지. 식 [5-5-4]를 식 [5-5-5]에 대입하면

$$\frac{1}{B} = 1 - Kr^2$$

또는

$$B = \frac{1}{1 - Kr^2} \tag{5-5-6}$$

이 돼. 그러니까 곡률이 0이면 $B = 1$이 되지.

물리군 그렇다면 프리드만과 르메르트가 생각한 불변 시공간 간격은

$$ds^2 = c^2 dt^2 - dl_0^2$$

또는

$$ds^2 = c^2 dt^2 - \frac{1}{1 - Kr^2} dr^2 - r^2 d\theta^2 - r^2 \sin^2\theta d\phi^2$$

또는

$$ds^2 = c^2 dt^2 - \frac{1}{1 - Kr^2} dr^2 - r^2 d\Omega^2 \tag{5-5-7}$$

세상에서 가장 쉬운 과학 수업 우주팽창이론

이라고 쓸 수 있군요.

정교수 이것은 어디까지나 가우스 곡률이 K일 때야. 하지만 공 모양의 우주가 시간에 따라 팽창한다면 우주의 반지름이 달라져. 즉 공 모양의 우주의 곡률이 달라지지. 그래서 프리드만과 르메르트는 식 [5-5-7]을 어떤 특정한 시각 t_0일 때의 불변 시공간 간격이라고 생각하고

$$ds_0^2 = c^2 dt^2 - \frac{1}{1-Kr^2} dr^2 - r^2 d\Omega^2$$

라고 썼지. 그러니까 임의의 시각 t일 때 우주의 불변 공간 간격을 dl^2이라고 쓰면

$$dl^2 = a(t)^2 dl_0^2$$

또는

$$dl^2 = a(t)^2 \left(\frac{1}{1-Kr^2} dr^2 + r^2 d\Omega^2 \right) \qquad (5-5-8)$$

이 되지.

프리드만과 르메르트는 $a(t)$를 시각 t일 때의 우주의 반지름으로 놓았어. 그러니까 식 [5-5-8]에 $t = t_0$를 대입하면

$$dl_0^2 = a(t_0)^2 dl_0^2$$

이 되어, 특정한 시각 t_0에서 우주의 반지름은 1로 놓은 셈이지.

　따라서 시각 t일 때 프리드만과 르메르트의 불변 시공간 간격을 우주 반지름을 도입해 다시 쓰면

$$ds^2 = c^2 dt^2 - a\,(t)^2 \left(\frac{1}{1-Kr^2} dr^2 + r^2 d\Omega^2 \right)$$

(5-5-9)

이 되지.

아인슈타인 방정식이 말해주는 우주 _ 우주는 가속 중일까, 감속 중일까?

정교수　이제 계량이 결정되었으므로 두 사람은 아인슈타인 방정식을 풀어야 했어. 아인슈타인 방정식은 1917년에 아인슈타인이 반발력을 도입하면서

$$R_{ab} - \frac{1}{2} R g_{ab} - \Lambda g_{ab} = M_{ab}$$

로 바뀌게 되는데, 이때 Λ를 '우주상수'라고 불러. 그리고 우변은

$$M_{ab} = \chi T_{ab}$$

로 나타내는데, 여기서

$$\chi = \frac{8\pi G}{c^4}$$

이고 T_{ab}를 '에너지-운동량 텐서'라고 불러. 여기서 G는 '뉴턴상수'야. 이제 우리는

$$c = 1$$

로 쓰는 속도단위계를 사용할 거야. 즉 광속을 1로 단위를 재조정한 거야. 그러면 모든 공식에서 $c = 1$이라고 두면 되지. 그러니까 아인슈타인 방정식은

$$R_{ab} - \frac{1}{2}Rg_{ab} - \Lambda g_{ab} = 8\pi G T_{ab} \tag{5-6-1}$$

라고 쓸 수 있어.

물리군　에너지-운동량 텐서는 어떤 모습이죠?

정교수　우주에는 질량을 가진 천체나 성간물질도 있고 질량은 0이지만 에너지를 가진 광자들도 있어. 프리드만과 르메르트는 공 모양의 우주 속의 질량을 부피로 나눈 값이 밀도와 광자들의 압력을 생각했어. 프리드만과 르메르트는 밀도를 ρ, 광자들의 압력을 p라고 하고 다음과 같은 에너지-운동량 텐서를 가정했지.

$$T_{ab} = \begin{bmatrix} \rho g_{00} & 0 & 0 & 0 \\ 0 & -pg_{11} & 0 & 0 \\ 0 & 0 & -pg_{22} & 0 \\ 0 & 0 & 0 & -pg_{33} \end{bmatrix}$$

이제 프리드만과 르메르트가 했던 방식을 따라서 아인슈타인 방정

식을 풀어볼게.

프리드만과 르메르트의 계량은

$$g_{00} = g_{tt} = 1$$

$$g_{11} = g_{rr} = -\frac{a^2}{1 - Kr^2}$$

$$g_{22} = g_{\theta\theta} = -a^2 r^2$$

$$g_{33} = g_{\phi\phi} = -a^2 r^2 \sin^2\theta$$

가 되고, 역계량은

$$g^{00} = g^{tt} = 1$$

$$g^{11} = g^{rr} = -\frac{1 - Kr^2}{a^2}$$

$$g^{22} = g^{\theta\theta} = -\frac{1}{a^2 r^2}$$

$$g^{33} = g^{\phi\phi} = -\frac{1}{a^2 r^2 \sin^2\theta}$$

가 된다. 이제 크리스토펠 기호를 계산해야 한다. 예를 들어,

$$\Gamma_{11}^{0} = \Gamma_{rr}^{t} = \sum_{d=0}^{3} g^{0d}\Gamma_{d11}$$

$$= g^{00}\Gamma_{011}$$

$$= \frac{1}{2}g^{00}\left(\partial_1 g_{01} + \partial_1 g_{01} - \partial_0 g_{11}\right)$$

$$= -\frac{1}{2}g^{00}\partial_0 g_{11}$$

이 된다. 이것을 구좌표계로 나타내면

$$\Gamma_{11}^{0} = \Gamma_{rr}^{t} = -\frac{1}{2}g^{tt}\partial_t g_{rr}$$

가 된다. 이제

$$\frac{da}{dt} = \dot{a}$$

$$\frac{d^2 a}{dt^2} = \ddot{a}$$

로 쓰기로 약속하면

$$\Gamma_{11}^{0} = \Gamma_{rr}^{t} = -\frac{1}{2}\partial_t\left(-\frac{a^2}{1-Kr^2}\right) = \frac{a\dot{a}}{1-Kr^2}$$

을 얻는다. 같은 방법으로 0이 아닌 크리스토펠 기호를 다음과 같이 구할 수 있다.

$$\Gamma^0_{11} = \Gamma^t_{rr} = \frac{a\dot{a}}{1 - Kr^2}$$

$$\Gamma^0_{22} = \Gamma^t_{\theta\theta} = a\dot{a}r^2$$

$$\Gamma^0_{33} = \Gamma^t_{\phi\phi} = a\dot{a}r^2\sin^2\theta$$

$$\Gamma^1_{01} = \Gamma^r_{tr} = \frac{\dot{a}}{a}$$

$$\Gamma^2_{02} = \Gamma^\theta_{t\theta} = \frac{\dot{a}}{a}$$

$$\Gamma^3_{03} = \Gamma^\phi_{t\phi} = \frac{\dot{a}}{a}$$

$$\Gamma^1_{11} = \Gamma^r_{rr} = \frac{Kr}{1 - Kr^2}$$

$$\Gamma^1_{22} = \Gamma^r_{\theta\theta} = -\,r(1 - Kr^2)$$

$$\Gamma^1_{33} = \Gamma^r_{\phi\phi} = -\,r(1 - Kr^2)\sin^2\theta$$

$$\Gamma^2_{12} = \Gamma^\theta_{r\theta} = \frac{1}{r}$$

$$\Gamma^3_{13} = \Gamma^\phi_{r\phi} = \frac{1}{r}$$

$$\Gamma^2_{33} = \Gamma^\theta_{\phi\phi} = -\sin\theta\cos\theta$$

$$\Gamma^3_{23} = \Gamma^\phi_{\theta\phi} = \cot\theta$$

 세상에서 가장 쉬운 과학 수업 우주팽창이론

물리군 우와! 이걸 계산하려면 시간이 엄청 걸리겠네요.

정교수 그래도 우주를 연구하려면 해봐야 해.

물리군 해볼게요. 그럼 위에 없는 크리스토펠 기호는 모두 0이지요.

정교수 맞아. 이번에는 리치 텐서를 계산해볼게. 너무 많으니까 하나만 계산해줄게. 리치 텐서의 정의를 다시 불러올게.

$$R_{ab} = \sum_{c=0}^{3} R_{acb}^{c} = \sum_{c=0}^{3} \partial_c \Gamma_{ab}^{c} - \sum_{c=0}^{3} \partial_b \Gamma_{ac}^{c} + \sum_{c=0}^{3} \sum_{d=0}^{3} \Gamma_{ab}^{c} \Gamma_{cd}^{d} - \sum_{c=0}^{3} \sum_{d=0}^{3} \Gamma_{bc}^{d} \Gamma_{ad}^{c}$$

이 식에 $a = 0$, $b = 0$을 넣으면

$$R_{00} = \sum_{c=0}^{3} \partial_c \Gamma_{00}^{c} - \sum_{c=0}^{3} \partial_0 \Gamma_{0c}^{c} + \sum_{c=0}^{3} \sum_{d=0}^{3} \Gamma_{00}^{c} \Gamma_{cd}^{d} - \sum_{c=0}^{3} \sum_{d=0}^{3} \Gamma_{0c}^{d} \Gamma_{0d}^{c}$$

이 되고,

$$\Gamma_{00}^{0} = \Gamma_{00}^{1} = \Gamma_{00}^{2} = \Gamma_{00}^{3} = 0$$

이니까

$$R_{00} = \sum_{c=0}^{3} \partial_0 \Gamma_{0c}^{c} - \sum_{c=0}^{3} \sum_{d=0}^{3} \Gamma_{0c}^{d} \Gamma_{0d}^{c}$$

$$= -\partial_t \Gamma_{tr}^{r} - \Gamma_{rt}^{r} \Gamma_{tr}^{r} - \partial_t \Gamma_{t\theta}^{\theta} - \Gamma_{\theta t}^{\theta} \Gamma_{t\theta}^{\theta} - \partial_t \Gamma_{t\phi}^{\phi} - \Gamma_{\phi t}^{\phi} \Gamma_{t\phi}^{\phi}$$

$$= -3 \frac{\ddot{a}}{a}$$

이 돼. 같은 방법으로 계산하면

$$R_{rr} = \frac{1}{1 - Kr^2}\left(a\ddot{a} + 2\dot{a}^2 + 2K\right)$$

$$R_{\theta\theta} = r^2\left(a\ddot{a} + 2\dot{a}^2 + 2K\right)$$

$$R_{\phi\phi} = r^2 \sin^2\theta\left(a\ddot{a} + 2\dot{a}^2 + 2K\right)$$

이 돼. 그러니까 리만 곡률은

$$R = -\frac{6}{a^2}\left(a\ddot{a} + \dot{a}^2 + K\right)$$

가 돼.

물리군 이것도 제가 계산해봐야죠?

정교수 물론. 그러니까 아인슈타인 방정식 [5-6-1]에서 $a = b = 0$ 을 넣으면

$$\left(\frac{\dot{a}}{a}\right)^2 = \frac{8\pi G}{3}\rho + \frac{\Lambda}{3} - \frac{K}{a^2} \tag{5-6-2}$$

가 되고, 마찬가지로 아인슈타인 방정식 [5-6-1]에서 $a = b = 1,$ $2, 3$을 넣으면

$$\frac{\ddot{a}}{a} + \frac{1}{2}\left(\frac{\dot{a}}{a}\right)^2 = -4\pi Gp + \frac{\Lambda}{2} - \frac{K}{2a^2} \tag{5-6-3}$$

 세상에서 가장 쉬운 과학 수업 우주팽창이론

가 돼. 식 [5-6-2]를 식 [5-6-3]에 넣으면

$$\frac{\ddot{a}}{a} = -\frac{4\pi G}{3}(\rho + 3p) + \frac{\Lambda}{3} \qquad (5\text{-}6\text{-}4)$$

이 된다. 그러므로 우주의 반지름에 대해 다음과 같이 세 경우가 생긴다.

(1) $\Lambda > 4\pi G(\rho + 3p)$인 경우

이 경우는 $\ddot{a} > 0$이므로 우주가 양의 가속도로 팽창한다. 즉 우주 팽창 속도가 점점 커진다.

(2) $\Lambda = 4\pi G(\rho + 3p)$인 경우

이 경우는 $\ddot{a} = 0$ 이므로 우주는 등속 팽창한다. 즉 우주팽창 속도가 일정하다.

(3) $\Lambda < 4\pi G(\rho + 3p)$인 경우

이 경우는 $\ddot{a} < 0$이므로 우주가 음의 가속도로 팽창한다. 즉 우주 팽창 속도가 점점 작아진다.

팽창하는 우주에서 밀도는 어떻게 변할까? _열역학과 프리드만 방정식

정교수　이제 프리드만과 르메르트의 논문에 등장하는 밀도의 시간 변화에 대한 관계식을 만들어볼게.

　어떤 일정 시각 t일 때의 우주를 생각하자. 이때 우주는 반지름이 $a(t)$인 공 모양이다. 이때 $a(t)$가 증가함수이면 우주는 팽창하고 감소하면 우주는 수축하고 0이면 우주는 일정한 크기로 유지된다.

　이때 우주의 부피를 $V(t)$, 우주의 질량을 $M(t)$라고 하면

$$V(t) = \frac{4\pi}{3} a(t)^3$$

이고

$$M(t) = \rho(t)V(t)$$

가 된다. 여기서 프리드만과 르메르트는 열역학 제1 법칙을 적용했다.

물리군　우주에 대해서 어떻게 열역학 제1 법칙을 이용하죠?

정교수　열역학 제1 법칙은 계에 열 ΔQ가 공급되어 계의 부피가 ΔV 만큼 달라지면

 　　　　　　　　　　세상에서 가장 쉬운 과학 수업 우주팽창이론

$$\Delta Q = \Delta E + p\Delta V \qquad\qquad (5-7-1)$$

가 된다는 에너지 보존법칙이야. 이때 E는 계의 에너지이고 p는 압력이지. 만일 아주 짧은 시간 동안의 변화를 생각하면 식 [5-6-1]은

$$dQ = dE + pdV \qquad\qquad (5-7-2)$$

가 돼. 우주를 공 모양이라고 생각하면 우주 밖에는 아무것도 없으니까 공 모양 우주 속으로 열이 흘러들어 올 수 없지? 이렇게 외부로부터 열이 흘러들어 오지 않는 경우를 단열 과정이라고 해. 그러니까 계에 공급된 열의 변화량이 0이지. 즉 $dQ = 0$이 돼. 따라서 우주에 대한 열역학 제1 법칙은

$$dE + pdV = 0$$

가 돼. 아주 짧은 시간 동안의 변화량을 고려하면 위 식은

$$\frac{dE}{dt} + p\frac{dV}{dt} = 0 \qquad\qquad (5-7-3)$$

이 돼.

르메르트와 프리드만은 우주의 에너지를 아인슈타인의 상대성이론 공식으로부터

$$E = M(t)c^2$$

이라고 놓았어. 우리가 $c = 1$로 두는 속도단위계를 택했으니까

$$\frac{dE}{dt} = 4\pi\rho a^2 \dot{a} + \frac{4\pi}{3}a^3\frac{d\rho}{dt}$$

가 되지. 그리고

$$\frac{dV}{dt} = 4\pi a^2 \dot{a}$$

가 되니까 이 두 식을 식 [5-7-3]에 넣으면

$$\frac{d\rho}{dt} + 3\left(\rho + p\right)\frac{\dot{a}}{a} = 0 \tag{5-7-4}$$

가 돼. 이것이 바로 우주의 밀도의 시간 변화에 대한 식이야.

물리군　르메르트 논문[18]의 식 (4)가 나타났어요.

정교수　맞아. 이것이 바로 프리드만–르메르트의 방정식이야. 논문의 나머지 부분은 이제 차근차근 읽어볼 수 있을 거야.

물리군　도전해볼게요.

---

18) Georges Lemaître(1927), Un univers homogène de masse constante et de rayon croissant

세상에서 가장 쉬운 과학 수업 우주팽창이론

우주가 팽창하는 세 가지 방식 _피블스의 『물리 우주론의 원리』 속으로

정교수 이제 피블스가 한 일을 알아볼게. 1982년 피블스는 차가운 암흑 물질이 은하단과 은하와 같은 구조물의 형성에 결정적인 역할을 한다고 생각했어.

물리군 암흑 물질이 뭐죠?

정교수 우주를 구성하는 질량을 가진 천체들 중에서 스스로 빛을 내는 천체를 '밝은 물질'이라고 하고, 질량은 가지고 있지만 스스로 빛을 내지 못하는 천체를 '암흑 물질'이라고 불러.

물리군 그렇군요.

정교수 우주에 있는 대부분의 물질은 중력을 통해서만 다른 물질과 상호 작용하는 암흑 물질이야. 암흑 물질은 빛보다 훨씬 느린 속도로 움직이기 때문에 차가운 암흑 물질이라고 부르지.

피블스는 또한 원시 등곡률 바리온 모델을 제안했다. 피블스는 은하 형성의 안정성과 관련된 기준을 제시하기도 했다. 그는 우주가 충분히 팽창하여 중력이 우주를 가득 채운 뜨거운 흑체 복사의 상쇄 효과를 극복할 수 있을 만큼 충분히 냉각될 때까지 은하가 형성될 수 없었을 것이라고 주장하는 논문을 썼다.[19] 그는 또한 우주의 온도가 헬

---

19) rendant compte de la vitesse radiale des nébuleuses extra-galactiques, in Annales de la société scientifique de Bruxelles, volume 47A, p. 49–59, 1927. Peebles, P. J. E.(1966), "Primordial Helium Abundance and the Primordial Fireball", Phys. Rev. Lett., 16 (10): 410.

륨 생산량에 큰 영향을 미친다는 것을 보여주었다. 즉 피블스는 어느 시점에서 온도가 내려가 중수소가 더 이상 헬륨으로 변환되지 않으므로 헬륨보다 무거운 원소가 형성되지 않는다는 것을 알아냈다.

이제 피블스에게 노벨 물리학상을 안겨준 현대 우주론의 원리가 모두 담겨 있는 그의 위대한 저서 『물리 우주론의 원리』라는 책의 일부 내용을 통해 그가 주장한 우주의 미래를 예측해보자. 이 책은 1993에 프린스턴 대학 출판부에서 출간되었고 700쪽이 넘는 분량이다.

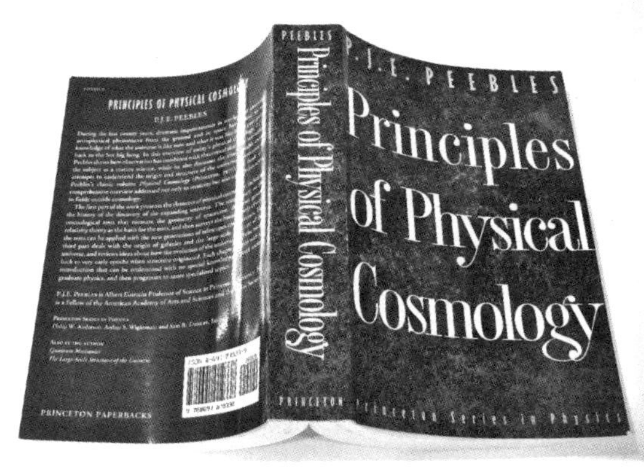

피블스가 쓴 『물리 우주론의 원리』. 우주의 탄생과 진화를 현대 물리학과 천문학의 관점에서 통합적으로 설명한 책으로, 물리 우주론 분야의 고전으로 평가받는다.

프리드만 방정식에서 허블상수는 $H = \dfrac{\dot{a}}{a}$ 이므로 식 [5-6-2]는

$$H^2 = \left(\frac{\dot{a}}{a}\right)^2 = \frac{8\pi G}{3}\rho + \frac{\Lambda}{3} - \frac{K}{a^2} \tag{5-8-1}$$

이 된다.

 세상에서 가장 쉬운 과학 수업 우주팽창이론

우주가 거의 평평하고 우주상수가 0일 때를 생각하면

$$K \approx 0, \, \Lambda \approx 0$$

이다. 이때 H는 상수 H_0라는 허블상수가 된다. 이때의 밀도를 임계밀도라고 하고 ρc라고 쓴다. 식 [5-8-1]에서

$$\rho_c = \frac{3H_0^2}{8\pi G} \tag{5-8-2}$$

이다.

한편 질량을 가진 물질의 밀도가 $\rho \gg p, \Lambda$일 때 식 [5-7-4]에서

$$\frac{d\rho}{dt} + 3\rho\frac{\dot{a}}{a} = 0$$

이 되고, 이 식을 풀면

$$\rho \propto \frac{1}{a^3} \tag{5-8-3}$$

마찬가지로 복사에너지밀도 ρ_r에 의한 압력 p는

$$p = \frac{1}{3}\rho_r c^2$$

이다. 이 압력이 물질의 밀도나 우주상수에 비해 훨씬 클 때

$$\rho_r \propto \frac{1}{a^4} \tag{5-8-4}$$

이 된다.

식 [5-8-1]을 세 종류의 밀도(질량을 가진 물질 밀도, 복사에너지 밀도, 우주상수 밀도)로 나타낼 수 있다.

(질량을 가진 물질밀도) $= \rho$

(복사에너지 밀도) $= \rho_r$

(우주상수 밀도) $= \rho_\Lambda = \dfrac{\Lambda}{8\pi G}$

라고 하면 식 [5-8-1]은

$$H^2 = \frac{8\pi G}{3}\rho_t - \frac{K}{a^2} \tag{5-8-5}$$

이 된다. 여기서 총 밀도는

$$\rho_t = \rho + \rho_r + \rho_\Lambda \tag{5-8-6}$$

로 정의된다.

이제

세상에서 가장 쉬운 과학 수업 우주팽창이론

$$\Omega_m = \frac{\rho}{\rho_c}$$

$$\Omega_r = \frac{\rho_r}{\rho_c}$$

$$\Omega_\Lambda = \frac{\rho_\Lambda}{\rho_c}$$

라고 두면, 식 [5-8-5]는

$$H^2 = H_0^2 (\Omega_m + \Omega_r + \Omega_\Lambda) - \frac{K}{a^2} \tag{5-8-7}$$

이 된다.

현재 우주의 반지름을 $a = 1$이라고 하고 이때

(질량을 가진 물질 밀도) $= \rho_{m,\,0}$
(복사에너지 밀도) $= \rho_{r,\,0}$
허블상수 $= H = H_0$

라고 하자. 우주상수 밀도는 시간에 따라 달라지지 않는다. 현재 우주의 경우,

$$H_0^2 = H_0^2 (\Omega_{m,\,0} + \Omega_{r,\,0} + \Omega_\Lambda) - \frac{K}{1^2} \tag{5-8-8}$$

이 된다. 여기서

$$\Omega_K = \frac{-K}{H_0^2}$$

이라고 두면 [5-8-8]에서

$$\Omega_{m,\,0} + \Omega_{r,\,0} + \Omega_\Lambda + \Omega_K = 1 \tag{5-8-9}$$

이 된다.

[5-8-3]과 [5-8-4]를 이용하면 미래의 어느 시각 t에서

$$H^2 = \left(\frac{\dot{a}}{a}\right)^2 = H_0^2 \left(\frac{\Omega_{m,\,0}}{a^3} + \frac{\Omega_{r,\,0}}{a^4} + \Omega_\Lambda + \frac{\Omega_K}{a^2} \right) \tag{5-8-10}$$

이 된다.

피블스는 식 [5-8-10]에서 어느 항이 지배적인 항이 되는가에 따라 우주반지름이 시간에 따라 어떻게 변하는지를 알아냈다.

첫 번째로 우주에 질량을 가진 물질이 지배적이라고 해보자. 이 경우

$$\Omega_{m,\,0} = 1,\ \Omega_{r,\,0} = \Omega_\Lambda = \Omega_K = 0$$

이므로

세상에서 가장 쉬운 과학 수업 우주팽창이론

$$H^2 = \left(\frac{\dot{a}}{a}\right)^2 = H_0^2 \left(\frac{1}{a^3}\right)$$

이 되어,

$$\frac{\dot{a}}{a} = \frac{H_0}{a^{3/2}}$$

이 된다. 이 식을 풀면

$$\frac{2}{3} a^{3/2} = H_0 t$$

가 되어

$$a(t) = \left(\frac{3}{2} H_0 t\right)^{2/3}$$

이 된다. 즉 우주의 반지름은 $t^{2/3}$에 따라 증가한다.

두 번째로 복사에너지에 의한 밀도가 주가 되는 경우를 보자. 이 경우

$$\Omega_{r,\,0} = 1,\ \Omega_{m,\,0} = \Omega_\Lambda = \Omega_K = 0$$

이므로

$$H^2 = \left(\frac{\dot{a}}{a}\right)^2 = H_0^2 \left(\frac{1}{a^4}\right)$$

이 되어,

$$a(t) = (2H_0 t)^{1/2}$$

이 된다. 즉 우주의 반지름은 $t^{\frac{1}{2}}$에 따라 증가한다.

세 번째로 우주 상수가 지배적인 경우를 보자. 이 경우,

$$\Omega_\Lambda = 1,\ \Omega_{m,\,0} = \Omega_{r,\,0} = \Omega_K = 0$$

이므로

$$H^2 = \left(\frac{\dot{a}}{a}\right)^2 = H_0^2$$

이 되어,

$$a(t) = e^{H_0 t}$$

가 된다. 즉 우주의 반지름은 지수함수적으로 증가한다.

만남에 덧붙여

appearance the spectrum is very much like spectra of the Milky Way clouds in Sagittarius and Cygnus, and is also similar to spectra of binary stars of the W Ursae Majoris type, where the widening and depth of the lines are affected by the rapid rotation of the stars involved.

The wide shallow absorption lines observed in the spectrum of N. G. C. 7619 have been noticed in the spectra of other extra-galactic nebulae, and may be due to a dispersion in velocity and a blending of the spectral types of the many stars which presumably exist in the central parts of these nebulae. The lack of depth in the absorption lines seems to be more pronounced among the smaller and fainter nebulae, and in N. G. C. 7619 the absorption is very weak.

It is hoped that velocities of more of these interesting objects will soon be available.

A RELATION BETWEEN DISTANCE AND RADIAL VELOCITY AMONG EXTRA-GALACTIC NEBULAE

By Edwin Hubble

Mount Wilson Observatory, Carnegie Institution of Washington

Communicated January 17, 1929

Determinations of the motion of the sun with respect to the extra-galactic nebulae have involved a K term of several hundred kilometers which appears to be variable. Explanations of this paradox have been sought in a correlation between apparent radial velocities and distances, but so far the results have not been convincing. The present paper is a re-examination of the question, based on only those nebular distances which are believed to be fairly reliable.

Distances of extra-galactic nebulae depend ultimately upon the application of absolute-luminosity criteria to involved stars whose types can be recognized. These include, among others, Cepheid variables, novae, and blue stars involved in emission nebulosity. Numerical values depend upon the zero point of the period-luminosity relation among Cepheids, the other criteria merely check the order of the distances. This method is restricted to the few nebulae which are well resolved by existing instruments. A study of these nebulae, together with those in which any stars at all can be recognized, indicates the probability of an approximately uniform upper limit to the absolute luminosity of stars, in the late-type spirals and irregular nebulae at least, of the order of M (photographic) = -6.3.[1] The apparent luminosities of the brightest stars in such nebulae are thus criteria which, although rough and to be applied with caution,

세상에서 가장 쉬운 과학 수업 우주팽창이론

furnish reasonable estimates of the distances of all extra-galactic systems in which even a few stars can be detected.

TABLE 1

NEBULAE WHOSE DISTANCES HAVE BEEN ESTIMATED FROM STARS INVOLVED OR FROM MEAN LUMINOSITIES IN A CLUSTER

OBJECT	m_s	r	v	m_t	M_t
S. Mag.	..	0.032	+ 170	1.5	−16.0
L. Mag.	..	0.034	+ 290	0.5	17.2
N. G. C. 6822	..	0.214	− 130	9.0	12.7
598	..	0.263	− 70	7.0	15.1
221	..	0.275	− 185	8.8	13.4
224	..	0.275	− 220	5.0	17.2
5457	17.0	0.45	+ 200	9.9	13.3
4736	17.3	0.5	+ 290	8.4	15.1
5194	17.3	0.5	+ 270	7.4	16.1
4449	17.8	0.63	+ 200	9.5	14.5
4214	18.3	0.8	+ 300	11.3	13.2
3031	18.5	0.9	− 30	8.3	16.4
3627	18.5	0.9	+ 650	9.1	15.7
4826	18.5	0.9	+ 150	9.0	15.7
5236	18.5	0.9	+ 500	10.4	14.4
1068	18.7	1.0	+ 920	9.1	15.9
5055	19.0	1.1	+ 450	9.6	15.6
7331	19.0	1.1	+ 500	10.4	14.8
4258	19.5	1.4	+ 500	8.7	17.0
4151	20.0	1.7	+ 960	12.0	14.2
4382	..	2.0	+ 500	10.0	16.5
4472	..	2.0	+ 850	8.8	17.7
4486	..	2.0	+ 800	9.7	16.8
4649	..	2.0	+1090	9.5	17.0
Mean					−15.5

m_s = photographic magnitude of brightest stars involved.

r = distance in units of 10^6 parsecs. The first two are Shapley's values.

v = measured velocities in km./sec. N. G. C. 6822, 221, 224 and 5457 are recent determinations by Humason.

m_t = Holetschek's visual magnitude as corrected by Hopmann. The first three objects were not measured by Holetschek, and the values of m_t represent estimates by the author based upon such data as are available.

M_t = total visual absolute magnitude computed from m_t and r.

Finally, the nebulae themselves appear to be of a definite order of absolute luminosity, exhibiting a range of four or five magnitudes about an average value M (visual) $= -15.2$.[1] The application of this statistical average to individual cases can rarely be used to advantage, but where considerable numbers are involved, and especially in the various clusters of nebulae, mean apparent luminosities of the nebulae themselves offer reliable estimates of the mean distances.

Radial velocities of 46 extra-galactic nebulae are now available, but individual distances are estimated for only 24. For one other, N. G. C. 3521, an estimate could probably be made, but no photographs are available at Mount Wilson. The data are given in table 1. The first seven distances are the most reliable, depending, except for M 32 the companion of M 31, upon extensive investigations of many stars involved. The next thirteen distances, depending upon the criterion of a uniform upper limit of stellar luminosity, are subject to considerable probable errors but are believed to be the most reasonable values at present available. The last four objects appear to be in the Virgo Cluster. The distance assigned to the cluster, 2×10^6 parsecs, is derived from the distribution of nebular luminosities, together with luminosities of stars in some of the later-type spirals, and differs somewhat from the Harvard estimate of ten million light years.[2]

The data in the table indicate a linear correlation between distances and velocities, whether the latter are used directly or corrected for solar motion, according to the older solutions. This suggests a new solution for the solar motion in which the distances are introduced as coefficients of the K term, i. e., the velocities are assumed to vary directly with the distances, and hence K represents the velocity at unit distance due to this effect. The equations of condition then take the form

$$ rK + X \cos \alpha \, \cos \delta + Y \sin \alpha \cos \delta + Z \sin \delta = v. $$

Two solutions have been made, one using the 24 nebulae individually, the other combining them into 9 groups according to proximity in direction and in distance. The results are

	24 OBJECTS	9 GROUPS	
X	$- 65 \pm 50$	$+ 3 \pm 70$	
Y	$+226 \pm 95$	$+230 \pm 120$	
Z	-195 ± 40	-133 ± 70	
K	$+465 \pm 50$	$+513 \pm 60$	km./sec. per 10^6 parsecs.
A	$286°$	$269°$	
D	$+ 40°$	$+ 33°$	
V_0	306 km./sec.	247 km./sec.	

For such scanty material, so poorly distributed, the results are fairly definite. Differences between the two solutions are due largely to the four Virgo nebulae, which, being the most distant objects and all sharing the peculiar motion of the cluster, unduly influence the value of K and hence of V_0. New data on more distant objects will be required to reduce the effect of such peculiar motion. Meanwhile round numbers, intermediate between the two solutions, will represent the probable order of the values. For instance, let $A = 277°$, $D = +36°$ (Gal. long. $= 32°$, lat. $= +18°$), $V_0 = 280$ km./sec., $K = +500$ km./sec. per million par-

세상에서 가장 쉬운 과학 수업 우주팽창이론

secs. Mr. Strömberg has very kindly checked the general order of these values by independent solutions for different groupings of the data.

A constant term, introduced into the equations, was found to be small and negative. This seems to dispose of the necessity for the old constant K term. Solutions of this sort have been published by Lundmark,[3] who replaced the old K by $k + lr + mr^2$. His favored solution gave $k = 513$, as against the former value of the order of 700, and hence offered little advantage.

TABLE 2

NEBULAE WHOSE DISTANCES ARE ESTIMATED FROM RADIAL VELOCITIES

OBJECT	v	v_s	r	m_t	M_t
N. G. C. 278	+ 650	−110	1.52	12.0	−13.9
404	− 25	− 65	..	11.1	..
584	+1800	+ 75	3.45	10.9	16.8
936	+1300	+115	2.37	11.1	15.7
1023	+ 300	− 10	0.62	10.2	13.8
1700	+ 800	+220	1.16	12.5	12.8
2681	+ 700	− 10	1.42	10.7	15.0
2683	+ 400	+ 65	0.67	9.9	14.3
2841	+ 600	− 20	1.24	9.4	16.1
3034	+ 290	−105	0.79	9.0	15.5
3115	+ 600	+105	1.00	9.5	15.5
3368	+ 940	+ 70	1.74	10.0	16.2
3379	+ 810	+ 65	1.49	9.4	16.4
3489	+ 600	+ 50	1.10	11.2	14.0
3521	+ 730	+ 95	1.27	10.1	15.4
3623	+ 800	+ 35	1.53	9.9	16.0
4111	+ 800	− 95	1.79	10.1	16.1
4526	+ 580	− 20	1.20	11.1	14.3
4565	+1100	− 75	2.35	11.0	15.9
4594	+1140	+ 25	2.23	9.1	17.6
5005	+ 900	−130	2.06	11.1	15.5
5866	+ 650	−215	1.73	11.7	−14.5
Mean				10.5	−15.3

The residuals for the two solutions given above average 150 and 110 km./sec. and should represent the average peculiar motions of the individual nebulae and of the groups, respectively. In order to exhibit the results in a graphical form, the solar motion has been eliminated from the observed velocities and the remainders, the distance terms plus the residuals, have been plotted against the distances. The run of the residuals is about as smooth as can be expected, and in general the form of the solutions appears to be adequate.

The 22 nebulae for which distances are not available can be treated in two ways. First, the mean distance of the group derived from the mean apparent magnitudes can be compared with the mean of the velocities corrected for solar motion. The result, 745 km./sec. for a distance of 1.4×10^6 parsecs, falls between the two previous solutions and indicates a value for K of 530 as against the proposed value, 500 km./sec.

Secondly, the scatter of the individual nebulae can be examined by assuming the relation between distances and velocities as previously determined. Distances can then be calculated from the velocities corrected for solar motion, and absolute magnitudes can be derived from the apparent magnitudes. The results are given in table 2 and may be compared with the distribution of absolute magnitudes among the nebulae in table 1, whose distances are derived from other criteria. N. G. C. 404

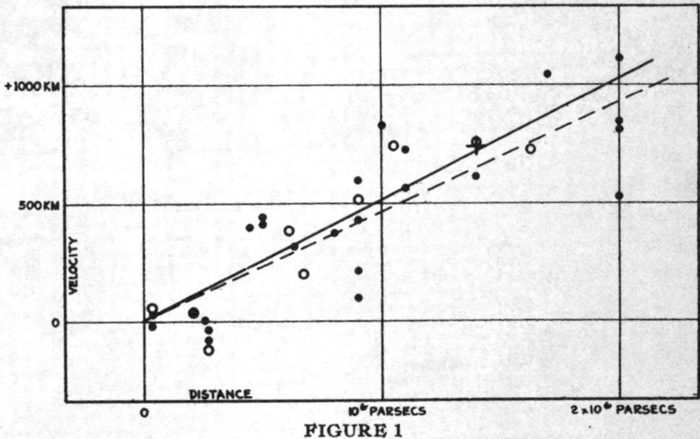

FIGURE 1

Velocity-Distance Relation among Extra-Galactic Nebulae.

Radial velocities, corrected for solar motion, are plotted against distances estimated from involved stars and mean luminosities of nebulae in a cluster. The black discs and full line represent the solution for solar motion using the nebulae individually; the circles and broken line represent the solution combining the nebulae into groups; the cross represents the mean velocity corresponding to the mean distance of 22 nebulae whose distances could not be estimated individually.

can be excluded, since the observed velocity is so small that the peculiar motion must be large in comparison with the distance effect. The object is not necessarily an exception, however, since a distance can be assigned for which the peculiar motion and the absolute magnitude are both within the range previously determined. The two mean magnitudes, -15.3 and -15.5, the ranges, 4.9 and 5.0 mag., and the frequency distributions are closely similar for these two entirely independent sets of data; and even the slight difference in mean magnitudes can be attributed to the selected, very bright, nebulae in the Virgo Cluster. This entirely unforced agreement supports the validity of the velocity-distance relation in a very

세상에서 가장 쉬운 과학 수업 우주팽창이론

evident matter.   Finally, it is worth recording that the frequency distribution of absolute magnitudes in the two tables combined is comparable with those found in the various clusters of nebulae.

The results establish a roughly linear relation between velocities and distances among nebulae for which velocities have been previously published, and the relation appears to dominate the distribution of velocities. In order to investigate the matter on a much larger scale, Mr. Humason at Mount Wilson has initiated a program of determining velocities of the most distant nebulae that can be observed with confidence. These, naturally, are the brightest nebulae in clusters of nebulae. The first definite result,[4] $v = + 3779$ km./sec. for N. G. C. 7619, is thoroughly consistent with the present conclusions.   Corrected for the solar motion, this velocity is $+3910$, which, with $K = 500$, corresponds to a distance of 7.8×10^6 parsecs.   Since the apparent magnitude is 11.8, the absolute magnitude at such a distance is -17.65, which is of the right order for the brightest nebulae in a cluster.   A preliminary distance, derived independently from the cluster of which this nebula appears to be a member, is of the order of 7×10^6 parsecs.

New data to be expected in the near future may modify the significance of the present investigation or, if confirmatory, will lead to a solution having many times the weight.   For this reason it is thought premature to discuss in detail the obvious consequences of the present results.   For example, if the solar motion with respect to the clusters represents the rotation of the galactic system, this motion could be subtracted from the results for the nebulae and the remainder would represent the motion of the galactic system with respect to the extra-galactic nebulae.

The outstanding feature, however, is the possibility that the velocity-distance relation may represent the de Sitter effect, and hence that numerical data may be introduced into discussions of the general curvature of space.   In the de Sitter cosmology, displacements of the spectra arise from two sources, an apparent slowing down of atomic vibrations and a general tendency of material particles to scatter.   The latter involves an acceleration and hence introduces the element of time.   The relative importance of these two effects should determine the form of the relation between distances and observed velocities; and in this connection it may be emphasized that the linear relation found in the present discussion is a first approximation representing a restricted range in distance.

[1] *Mt. Wilson Contr.*, No. 324; *Astroph. J., Chicago, Ill.*, **64**, 1926 (321).
[2] *Harvard Coll. Obs. Circ.*, **294**, 1926.
[3] *Mon. Not. R. Astr. Soc.*, **85**, 1925 (865–894).
[4] These Proceedings, **15**, 1929 (167).

A Homogeneous Universe of Constant Mass and Increasing Radius accounting for the Radial Velocity of Extra-galactic Nebulæ. By Abbé G. Lemaître.

(*Translated by permission from* "*Annales de la Société scientifique de Bruxelles,*" *Tome XLVII, série A, première partie.*)

1. *Introduction.*

According to the theory of relativity, a homogeneous universe may exist such that all positions in space are completely equivalent ; there is no centre of gravity. The radius of space R is constant ; space is elliptic, *i.e.* of uniform positive curvature I/R^2 ; straight lines starting from a point come back to their origin after having travelled a path of length πR ; the volume of space has a finite value $\pi^2 R^3$; straight lines are closed lines going through the whole space without encountering any boundary.

Two solutions have been proposed. That of de Sitter ignores the existence of matter and supposes its density equal to zero. It leads to special difficulties of interpretation which will be referred to later, but it is of extreme interest as explaining quite naturally the observed receding velocities of extra-galactic nebulæ, as a simple consequence of the properties of the gravitational field without having to suppose that we are at a point of the universe distinguished by special properties.

The other solution is that of Einstein. It pays attention to the evident fact that the density of matter is not zero, and it leads to a relation between this density and the radius of the universe. This relation forecasted the existence of masses enormously greater than any known at the time. These have since been discovered, the distances and dimensions of extra-galactic nebulæ having become known. From Einstein's formulæ and recent observational data, the radius of the universe is found to be some hundred times greater than the most distant objects which can be photographed by our telescopes.

Each theory has its own advantages. One is in agreement with the observed radial velocities of nebulæ, the other with the existence of matter, giving a satisfactory relation between the radius and the mass of the universe. It seems desirable to find an intermediate solution which could combine the advantages of both.

At first sight, such an intermediate solution does not appear to exist. A static gravitational field for a uniform distribution of matter without internal stress has only two solutions, that of Einstein and that of de Sitter. De Sitter's universe is empty, that of Einstein has been described as "containing as much matter as it can contain." It is remarkable that the theory can provide no mean between these two extremes.

The solution of the paradox is that de Sitter's solution does not really meet all the requirements of the problem. Space is homogeneous with constant positive curvature ; space-time is also homogeneous, for

세상에서 가장 쉬운 과학 수업 우주팽창이론

all events are perfectly equivalent. But the partition of space-time into space and time disturbs the homogeneity. The co-ordinates used introduce a centre. A particle at rest at the centre of space describes a geodesic of the universe ; a particle at rest otherwhere than at the centre does not describe a geodesic. The co-ordinates chosen destroy the homogeneity and produce the paradoxical results which appear at the so-called " horizon " of the centre. When we use co-ordinates and a corresponding partition of space and time of such a kind as to preserve the homogeneity of the universe, the field is found to be no longer static ; the universe becomes of the same form as that of Einstein, with a radius no longer constant but varying with the time according to a particular law.

In order to find a solution combining the advantages of those of Einstein and de Sitter, we are led to consider an Einstein universe where the radius of space or of the universe is allowed to vary in an arbitrary way.

2. *Einstein Universe of Variable Radius.   Field Equations.*
Conservation of Energy.

As in Einstein's solution, we liken the universe to a rarefied gas whose molecules are the extra-galactic nebulæ. We suppose them so numerous that a volume small in comparison with the universe as a whole contains enough nebulæ to allow us to speak of the density of matter. We ignore the possible influence of local condensations. Furthermore, we suppose that the nebulæ are uniformly distributed so that the density does not depend on position. When the radius of the universe varies in an arbitrary way, the density, uniform in space, varies with time. Furthermore, there are generally interior stresses, which, in order to preserve the homogeneity, must reduce to a simple pressure, uniform in space and variable with time. The pressure, being two-thirds of the kinetic energy of the " molecules," is negligible with respect to the energy associated with matter ; the same can be said of interior stresses in nebulæ or in stars belonging to them. We are thus led to put $p = 0$.

Nevertheless it might be necessary to take into account the radiation-pressure of electromagnetic energy travelling through space ; this energy is weak but it is evenly distributed through the whole of space and might afford a notable contribution to the mean energy. We shall thus keep the pressure p in the general equations as the mean radiation-pressure of light, but we shall write $p = 0$ when we discuss the application to astronomy.

We denote the density of total energy by ρ, the density of radiation energy by $3p$, and the density of the energy condensed in matter by $\delta = \rho - 3p$. We identify ρ and $- p$ with the components $T_4{}^4$ and $T_1{}^1 = T_2{}^2 = T_3{}^3$ of the material energy tensor, and δ with T. Working out the contracted Riemann tensor for a universe with a line-element given by

$$ds^2 = - R^2 d\sigma^2 + dt^2, \qquad \cdot \quad \cdot \quad \cdot \quad (1)$$

where $d\sigma$ is the elementary distance in a space of radius unity, and R is a function of the time t, we find that the field equations can be written

$$3\frac{R'^2}{R^2} + \frac{3}{R^2} = \lambda + \kappa\rho \quad . \quad . \quad . \quad (2)$$

and

$$2\frac{R''}{R} + \frac{R'^2}{R^2} + \frac{1}{R^2} = \lambda - \kappa p \quad . \quad . \quad . \quad (3)$$

Accents denote derivatives with respect to t. λ is the unknown cosmological constant, and κ is the Einstein constant whose value is $1 \cdot 87 \cdot 10^{-27}$ in C.G.S. units (8π in natural units).

The four identities giving the expression of the conservation of momentum and of energy reduce to

$$\frac{d\rho}{dt} + \frac{3R'}{R}(\rho + p) = 0 \quad . \quad . \quad . \quad (4)$$

which is the energy equation. This equation can replace (3). As $V = \pi^2 R^3$ it can be written

$$d(V\rho) + p dV = 0, \quad . \quad . \quad . \quad (5)$$

showing that *the variation of total energy plus the work done by radiation-pressure in the dilatation of the universe is equal to zero.*

3. *Universe of Constant Mass.*

If $M = V\delta$ remains constant, we write, a being a constant,

$$\kappa\delta = \frac{a}{R^3} \quad . \quad . \quad . \quad . \quad (6)$$

As

$$\rho = \delta + 3p$$

we have

$$3d(pR^3) + 3pR^2 dR = 0 \quad . \quad . \quad . \quad (7)$$

and, β being a constant of integration,

$$\kappa p = \frac{\beta}{R^4} \quad . \quad . \quad . \quad . \quad (8)$$

and therefore

$$\kappa\rho = \frac{a}{R^3} + \frac{3\beta}{R^4} \quad . \quad . \quad . \quad (9)$$

By substitution in (2) we have

$$\frac{R'^2}{R^2} = \frac{\lambda}{3} - \frac{1}{R^2} + \frac{\kappa\rho}{3} = \frac{\lambda}{3} - \frac{1}{R^2} + \frac{a}{3R^3} + \frac{\beta}{R^4} \quad . \quad . \quad (10)$$

and

$$t = \int \frac{dR}{\sqrt{\dfrac{\lambda R^2}{3} - 1 + \dfrac{a}{3R} + \dfrac{\beta}{R^2}}} \quad . \quad . \quad (11)$$

세상에서 가장 쉬운 과학 수업 우주팽창이론

When α and β vanish, we obtain the de Sitter solution in Lanczos's form—

$$R = \sqrt{\frac{3}{\lambda}} \cosh \sqrt{\frac{\lambda}{3}}(t - t_0) \qquad . \qquad . \qquad . \quad (12)$$

The Einstein solution is found by making $\beta = 0$ and R constant. Writing $R' = R'' = 0$ in (2) and (3) we find

$$\frac{1}{R^2} = \lambda \qquad \frac{3}{R^2} = \lambda + \kappa\rho \qquad \rho = \delta$$

or

$$R = \frac{1}{\sqrt{\lambda}} \qquad \kappa\delta = \frac{2}{R^2} \qquad . \qquad . \qquad . \quad (13)$$

and from (6)

$$\alpha = \kappa\delta R^3 = \frac{2}{\sqrt{\lambda}} \qquad . \qquad . \qquad . \qquad . \quad (14)$$

The Einstein solution does not result from (14) alone ; it also supposes that the initial value of R' is zero. If we write

$$\lambda = \frac{1}{R_0{}^2} \qquad . \qquad . \qquad . \qquad . \qquad . \quad (15)$$

we have for $\beta = 0$ and $\alpha = 2R_0$

$$t = R_0\sqrt{3}\int \frac{dR}{R - R_0}\sqrt{\frac{R}{R + 2R_0}} \qquad . \qquad . \qquad . \quad (16)$$

For this solution the two equations (13) are of course no longer valid.
Writing

$$\kappa\delta = \frac{2}{R_E{}^2} \qquad . \qquad . \qquad . \qquad . \quad (17)$$

we have from (14) and (15)

$$R^3 = R_E{}^2 R_0 \qquad . \qquad . \qquad . \qquad . \quad (18)$$

The value of R_E, the radius of the universe computed from the mean density by Einstein's equation (17), has been found by Hubble to be

$$R_E = 8 \cdot 5 \times 10^{28} \text{ cm.} = 2 \cdot 7 \times 10^{10} \text{ parsec.} \qquad . \qquad . \quad (19)$$

We shall see later that the value of R_0 can be computed from the radial velocities of the nebulæ ; R can then be found from (18).

Finally, we shall show that a serious departure from (14) would lead to consequences not easily acceptable.

4. *Doppler Effect due to the Variation of the Radius of the Universe.*

From (1) we have for a ray of light

$$\sigma_2 - \sigma_1 = \int_{t_1}^{t_2} \frac{dt}{R} \qquad . \qquad . \qquad . \qquad . \quad (20)$$

where σ_1 and σ_2 relate to spatial co-ordinates. We suppose that the light is emitted at the point σ_1 and observed at σ_2. A ray of light emitted slightly later starts from σ_1 at time $t_1 + \delta t_1$ and reaches σ_2 at time $t_2 + \delta t_2$. We have therefore

$$\frac{\delta t_2}{R_2} - \frac{\delta t_1}{R_1} = 0, \qquad \frac{\delta t_2}{\delta t_1} - 1 = \frac{R_2}{R_1} - 1 \qquad . \qquad . \quad (21)$$

where R_1 and R_2 are the values of the radius R at the time of emission t_1 and at the time of observation t_2. If δt_1 is the period of the emitted light, δt_2 is the period of the observed light. Now δt_1 is also the period of light emitted under the same conditions in the neighbourhood of the observer, because the period of light emitted under the same physical conditions has the same value everywhere when reckoned in proper time. Therefore

$$\frac{v}{c} = \frac{\delta t_2}{\delta t_1} - 1 = \frac{R_2}{R_1} - 1 \qquad . \qquad . \qquad . \quad (22)$$

is the apparent Doppler effect due to the variation of the radius of the universe. *It equals the ratio of the radii of the universe at the instants of observation and emission, diminished by unity.*

v is that velocity of the observer which would produce the same effect. When the light source is near enough, we have the approximate formulæ

$$\frac{v}{c} = \frac{R_2 - R_1}{R_1} = \frac{dR}{R} = \frac{R'}{R}dt = \frac{R'}{R}r$$

where r is the distance of the source. We have therefore

$$\frac{R'}{R} = \frac{v}{cr} . \qquad . \qquad . \qquad . \qquad . \quad (23)$$

From a discussion of available data, we adopt

$$\frac{R'}{R} = 0 \cdot 68 \times 10^{-27} \text{ cm.}^{-1} \qquad . \qquad . \qquad . \quad (24)$$

and find from (16)

$$\frac{R'}{R} = \frac{1}{R_0\sqrt{3}}\sqrt{1 - 3y^2 + 2y^3} \qquad . \qquad . \qquad . \quad (25)$$

where

$$y = \frac{R_0}{R} . \qquad . \qquad . \qquad . \qquad . \quad (26)$$

Now from (18) and (26)

$$R_0{}^2 = R_E{}^2 y^3 \qquad . \qquad . \qquad . \qquad . \quad (27)$$

and therefore

$$3\left(\frac{R'}{R}\right)^2 R_E{}^2 = \frac{1 - 3y^2 + 2y^3}{y^3} \qquad . \qquad . \qquad . \quad (28)$$

With the adopted numerical data (24) and (19), we have

$$y = 0 \cdot 0465$$

giving

$$R = R_E\sqrt{y} = 0 \cdot 215 R_E = 1 \cdot 83 \times 10^{28} \text{ cm.} = 6 \times 10^9 \text{ parsecs.}$$
$$R_0 = Ry = R_E y^{\frac{3}{2}} = 8 \cdot 5 \times 10^{26} \text{ cm.} = 2 \cdot 7 \times 10^8 \text{ parsecs.}$$
$$= 9 \times 10^8 \text{ light-years.}$$

세상에서 가장 쉬운 과학 수업 우주팽창이론

Integral (16) can easily be computed. Writing

$$x^2 = \frac{R}{R + 2R_0} \qquad\qquad (29)$$

it can be written

$$t = R_0\sqrt{3}\int \frac{4x^2 dx}{(1 - x^2)(3x^2 - 1)}$$

$$= R_0\sqrt{3}\log\frac{1 + x}{1 - x} + R_0\log\frac{\sqrt{3}x - 1}{\sqrt{3}x + 1} + C \qquad (30)$$

If σ is the fraction of the radius of the universe travelled by light during time t, we have also

$$\sigma = \int\frac{dt}{R} = \sqrt{3}\int\frac{2dx}{3x^2 - 1} = \log\frac{\sqrt{3}x - 1}{\sqrt{3}x + 1} + C' \qquad (31)$$

The following table gives values of σ and t for different values of R/R_0 :—

TABLE.—*Values of σ and t.*

$\dfrac{R}{R_0}$.	$\dfrac{t}{R_0}$.	σ		$\dfrac{v}{c}$.
		Radians	Degrees.	
1	$-\infty$	$-\infty$	$-\infty$	19
2	$-4{\cdot}31$	$-0{\cdot}889$	$-51°$	9
3	$-3{\cdot}42$	$-0{\cdot}521$	-30	$5\frac{2}{3}$
4	$-2{\cdot}86$	$-0{\cdot}359$	-21	4
5	$-2{\cdot}45$	$-0{\cdot}266$	-15	3
10	$-1{\cdot}21$	$-0{\cdot}087$	-5	1
15	$-0{\cdot}50$	$-0{\cdot}029$	$-1{\cdot}7$	$\frac{1}{3}$
20	$0{\cdot}00$	$0{\cdot}000$	$0{\cdot}0$	0
25	$0{\cdot}39$	$0{\cdot}017$	1	..
∞	∞	$0{\cdot}087$	5	..

The constants of integration are adjusted to make σ and t vanish for $R/R_0 = 20$ in place of $21{\cdot}5$. The last column gives the Doppler effect computed from (22). The approximate formula (23) would make v/c proportional to r and thus to σ. The error is only $0{\cdot}005$ for $v/c = 1$. The approximate formula may therefore be used within the limits of the visible spectrum.

5. *The Meaning of Equation* (14).

The relation (14) between the two constants λ and α has been adopted following Einstein's solution. It is the necessary condition that the quartic under the radical in (11) may have a double root R_0 giving on integration a logarithmic term. For simple roots, integration would give a square root, corresponding to a minimum of R as in de Sitter's solution (12). This minimum would generally occur at time of the order of R_0, say 10^9 years—*i.e.* quite recently for stellar evolution.

If the positive roots were to become imaginary, the radius would vary
from zero upwards, the variation slowing down in the neighbourhood
of the modulus of the imaginary roots. In both cases the time of
variation of R in the same sense would be of the order of R_0 if the
relation between λ and α were seriously different from (14).

6. *Conclusion.*

We have found a solution such that

(1°) The mass of the universe is a constant related to the cosmo-
logical constant by Einstein's relation

$$\sqrt{\lambda} = \frac{2\pi^2}{\kappa M} = \frac{1}{R_0}.$$

(2°) The radius of the universe increases without limit from an
asymptotic value R_0 for $t = -\infty$.

(3°) The receding velocities of extragalactic nebulæ are a cosmical
effect of the expansion of the universe. The initial radius R_0
can be computed by formulæ (24) and (25) or by the approxi-
mate formula

$$R_0 = \frac{rc}{v\sqrt{3}}.$$

This solution combines the advantages of the Einstein and de Sitter
solutions.

Note that the largest part of the universe is for ever out of our reach.
The range of the 100-inch Mount Wilson telescope is estimated by
Hubble to be 5×10^7 parsecs, or about $R/200$. The corresponding
Doppler effect is 3000 km./sec. For a distance of $0 \cdot 087R$ it is equal to
unity, and the whole visible spectrum is displaced into the infra-red. It
is impossible to see ghost-images of nebulæ or suns, as even if there were
no absorption these images would be displaced by several octaves into
the infra-red and would not be observed..

It remains to find the cause of the expansion of the universe.
We have seen that the pressure of radiation does work during the
expansion. This seems to suggest that the expansion has been set up
by the radiation itself. In a static universe light emitted by matter
travels round space, comes back to its starting-point, and accumulates
indefinitely. It seems that this may be the origin of the velocity of
expansion R'/R which Einstein assumed to be zero and which in our
interpretation is observed as the radial velocity of extra-galactic
nebulæ.

REFERENCES.

(1) For the different partitions of space and time in the de Sitter universe, see
K. Lanczos, *Phys. Zeits.*, **23**, 539, 1922.
H. Weyl, *Phys. Zeits*, **24**, 230, 1923.
P. du Val, *Phil. Mag.*, 6, **47**, 930, 1924.
G. Lemaître, *Journal of Math. and Phys.*, **4**, No. 3, May 1925.

세상에서 가장 쉬운 과학 수업 우주팽창이론

(2) Equations of the universe of variable radius and constant mass have been fully discussed, without reference to the receding velocity of nebulæ, by

A. FRIEDMANN, " Über die Krümmung des Raümes," *Z. f. Phys.*, **10**, 377, 1922 ; see also

A. EINSTEIN, *Z. f. Phys.*, **11**, 326, 1922, and **16**, 228, 1923.

The universe of variable radius has been independently studied by

R. C. TOLMAN, *P.N.A.S.*, **16**, 320, 1930.

(3) Discussion of the theory, and recent developments are found in

A. S. EDDINGTON, *M.N.*, **90**, 668, 1930.

W. DE SITTER, *Proc. Nat. Acad. Sci.*, **16**, 474, 1930, and *B.A.N.*, **5**, No. 185, 193, and 200 (1930).

G. LEMAÎTRE, *B.A.N.*, **5**, No. 200, 1930.

(4) Popular expositions have been given by

G. LEMAÎTRE, " La grandeur de l'espace," *Revue des questions scientifiques*, March 1929.

W. DE SITTER, " The Expanding Universe," *Scientia*, Jan. 1931.

The Expanding Universe.   By Abbé G. Lemaître.

(Communicated by Sir A. S. Eddington.)

1. Introduction.

Eddington has suggested that the expansion of a universe in equilibrium may be started by the formation of condensations. A preliminary investigation by W. H. McCrea and G. C. McVittie seems to point out an effect of opposite sense according to the nature of the condensations.* I find that the formation of condensations and the degree of concentration of these condensations have no effect whatever on the equilibrium of the universe. Nevertheless, the expansion of the universe is due to an effect very closely related to the formation of condensations, which may be named the " stagnation " of the universe. When there is no condensation, the energy, or at least a notable part of it, may be able to wander freely through the universe. When condensations are formed this free kinetic energy has a chance to be captured by the condensations and then to remain bound to them. That is what I mean by a " stagnation " of the world—a diminution of the exchanges of energy between distant parts of it.

In order to investigate the effect of condensations in a universe homogeneous in the mean, I consider a definite condensation of supposed spherical symmetry, and I average the outside condensations so that they also may be thought of as having spherical symmetry. The condensation under investigation is limited by a spherical shell which is the neutral zone between it and neighbouring condensations ; a point on this neutral zone is not more within the gravitational influence of the interior condensation than of the condensations outside. The expansion of the neutral zone gives a measure of the expansion of the

* Sir A. S. Eddington, *M.N.*, **90**, 668, 1930 ; W. H. McCrea and G. C. McVittie, *M.N.*, **91**, 128, 1930 ; G. C. McVittie, *M.N.*, **91**, 274, 1931.

On the Possibility of a World with Constant Negative Curvature of Space[†]

By A. Friedmann in Petersburg [*]

Received on 7. January 1924

§1. 1. In our Notice "On the curvature of space"[1] we have considered those solutions of the *Einstein* world equations, which lead to world types that possess a positive constant curvature as a common feature; we have discussed all such possible cases. The possibility of deriving from the world equations a world of constant positive spatial curvature stands, however, in close relation with the question of the finiteness of space. For this reason it may be of interest to investigate whether one can obtain from the same world equations a world of constant negative curvature, the finiteness of which (even under some supplementary assumptions) can hardly be argued for.

In the present Notice it will be shown that it actually is possible to derive from the *Einstein* world equations a world with constant negative curvature of space. As in the cited work, so here too we have to distinguish two cases, namely 1. the case of a stationary world, whose curvature is constant in time, and 2. the case of a non-stationary world, whose curvature is spatially constant, but varies, however, in the course of time. There is an essential difference between the stationary worlds of constant negative and those of constant positive spatial curvature. The worlds of stationary negative curvature namely do not allow for positive density of

---

[†] Originally published in *Zeitschrift für Physik* **21**, 326-332 (1924), with the title "Uber die Möglichkeit einer Welt mit konstanter negativer Krümmung des Raumes". See footnote to the first paper's title.

[1] ZS. f. Phys. **10**, 377, 1922, Heft 6.

2001

세상에서 가장 쉬운 과학 수업 우주팽창이론

matter; this is either zero or negative. The physically possible stationary worlds (i.e. those with non-negative density of matter) therefore find their analogue in the *de Sitter*, but not in the *Einstein* world.[2]

At the end of this Notice we will touch upon the question of whether on the grounds of the curvature of space one is allowed at all to judge on its finiteness or infinitude.

2. We turn ourselves to our general assumptions, that we think of as grouped into the same two classes as in the cited Notice; thereby we maintain our earlier notation. The assumptions of the first class consist of laying down as the *Einstein* world equations the equations (A), (B), (C) of the mentioned work. The assumptions of the second class will now be different from the earlier ones. Assuming that one of the world coordinates, x_4, may be designated as time coordinate, we can thus (for the considered case of the world with negative constant curvature of space) express the assumptions of the second class by demanding that the interval ds shall be of the form:

$$ds^2 = \frac{R^2(dx_1{}^2 + dx_2{}^2 + dx_3{}^2)}{x_3{}^2} + M^2 dx_4{}^2, \qquad (D')$$

where R denotes a function of time and M a function of all four world coordinates. The constant negative curvature of space of our world is hereby proportional to $-\frac{1}{R^2}$.[3]

Taking into account that for our world ds^2 is an indefinite form, we can, by changing the notation, rewrite the formula (D′) according to:

$$d\tau^2 = -\frac{R^2}{c^2} \frac{(dx_1{}^2 + dx_2{}^2 + dx_3{}^2)}{x_3{}^2} + M^2 dx_4{}^2. \qquad (D'')$$

Of course the spatial curvature of our world remains negative and proportional to $-\frac{1}{R^2}$.

The problem that lies before us consists of the determination of two functions R and M, which shall obey the *Einstein* world equations, i.e. the equations (A), (B), (C) of the mentioned Notice.

Setting $i = 1, 2, 3$, $k = 4$ in (A), we obtain the following three equations:

$$R'(x_4) \frac{\partial M}{\partial x_1} = R'(x_4) \frac{\partial M}{\partial x_2} = R'(x_4) \frac{\partial M}{\partial x_3} = 0.$$

---

[2] I was made aware by my friend Prof. Dr. *Tamarkine* [Correctly, 'Tamarkin' — *Eds.*] of the necessity for a special investigation of the possibility of a world with negative curvature measure for space.

[3] With respect to the line element ds^2 see e.g. *Bianchi*, Lezioni di geometria differenziale **1**, 345.

These equations show that the considered worlds can belong to one of the two types:

1st type. Stationary worlds, $R' = 0$, R is constant in time.

2nd type. Non-stationary worlds, $R' \neq 0$, M depends only on time.

We consider first the case of the stationary world; the case of the non-stationary world offers a great similarity to that of the non-stationary world of constant positive spatial curvature; for this reason we will deal with this second case only briefly.

§2. 1. The equations (A) yield for the indices $i, k = 1, 2, 3$:[*]

$$\frac{\partial^2 M}{\partial x_1 \, \partial x_2} = 0,$$

$$\frac{\partial^2 M}{\partial x_2 \, \partial x_3} + \frac{1}{x_3} \frac{\partial M}{\partial x_2} = 0, \qquad \frac{\partial^2 M}{\partial x_1 \, \partial x_3} + \frac{1}{x_3} \frac{\partial M}{\partial x_1} = 0.$$

The integration of these equations gives:

$$M = \frac{P(x_1, x_4) + Q(x_2, x_4)}{x_3} + L(x_3, x_4), \tag{1}$$

where P, Q and L for the moment are arbitrary functions of their arguments.

The equations (A) serve us for the determination of P, Q and L, where one has to set $i, k = 1, 2, 3$.

The calculation gives:

$$\left.\begin{aligned}
-\frac{1}{M}\left(\frac{\partial^2 M}{\partial x_2{}^2} + \frac{\partial^2 M}{\partial x_3{}^2}\right) &= \frac{1 - \lambda R^2}{x_3{}^2}, \\
-\frac{1}{M}\left(\frac{\partial^2 M}{\partial x_1{}^2} + \frac{\partial^2 M}{\partial x_3{}^2}\right) &= \frac{1 - \lambda R^2}{x_3{}^2}, \\
-\frac{1}{M}\left(\frac{\partial^2 M}{\partial x_1{}^2} + \frac{\partial^2 M}{\partial x_2{}^2}\right) + \frac{2}{x_3}\frac{1}{M}\frac{\partial M}{\partial x_3} &= \frac{1 - \lambda R^2}{x_3{}^2}.
\end{aligned}\right\} \tag{2}$$

If one subtracts the first equation of this system from the second, one has:

$$\frac{\partial^2 P}{\partial x_1{}^2} = \frac{\partial^2 Q}{\partial x_2{}^2}.$$

---

[*] Additionally the condition i not $= k$ should have been stated; cf. §2. 1. of the first paper — *Eds.*

From this follows:

$$P = n(x_4)x_1{}^2 + a_1(x_4) + b_1(x_4),$$
$$Q = n(x_4)x_2{}^2 + a_2(x_4) + b_2(x_4). \tag{3}$$

If one looks at (1) and (3), the last of equations (2) allows itself to be written in the form:

$$-\frac{3 - \lambda R^2}{x_3{}^2}(P + Q) = \frac{4n}{x_3} + \frac{1 - \lambda R^2}{x_3{}^2} - \frac{2}{x_3}\frac{\partial L}{\partial x_3}. \tag{4}$$

If therefore $P + Q$ really contains one of the quantities x_1 or x_2, i.e. if one of the coefficients n, a_1, a_2 is different from zero, the factor of $P + Q$ in the equation (4) must vanish; for the right-hand side of this equation depends neither on x_1 nor on x_2. The case when all three quantities n, a_1, a_2 vanish must be separately considered.

In cases when the quantities n, a_1, a_2 do not all three vanish, the relation:[*]

$$\lambda R^3 = 3 \tag{5}$$

must hold between λ and the curvature of space.

Considering Eq. (5), the equations (2) reduce to a single equation which determines the function L, namely:

$$\frac{\partial L}{\partial x_3} + \frac{L}{x_3} = 2n. \tag{6}$$

2. In the following we must distinguish two cases: 1. $n \neq 0$, 2. $n = 0$. In the first case the formulae (D$'$), (1) and (3) show us that the quantity n may without restriction of generality be assumed to be equal to 1; namely one can always attain that $n = 1$ by a suitable substitution $\overline{x_4} = \varphi(x_4)$. Taking this into account, Eq. (6) gives:

$$L = \frac{L_0(x_4)}{x_3} + x_3. \tag{7}$$

To determine ρ, we set in the equations (A) $i = k = 4$; a simple calculation shows that in our case ρ becomes equal to zero. The first case is thus characterised by the vanishing density of matter and by the interval:

$$ds^2 = \frac{R^2}{x_3{}^2}(dx_1{}^2 + dx_2{}^2 + dx_3{}^2)$$
$$+ \left(\frac{x_1{}^2 + x_2{}^2 + a_1(x_4)x_1 + a_2(x_4)x_2 + a_3(x_4) + x_3{}^2}{x_3}\right)^2 dx_4{}^2. \tag{D$'_1$}$$

---

[*] This is a typo in the paper. It must be R^2; see Eq. (4) — *Eds.*

If we go over to the second case ($n = 0$), we find for L the equation:

$$L = \frac{L_0(x_4)}{x_3}.$$
(8)

Also in this case the calculation for ρ gives the value zero. Hence, the second case likewise characterises itself by the vanishing density of matter and by the interval:

$$ds^2 = \frac{R^2}{x_3{}^2}(dx_1{}^2 + dx_2{}^2 + dx_3{}^2)$$

$$+ \left[\frac{a_1(x_4)x_1 + a_2(x_4)x_2 + a_3(x_4)}{x_3}\right]^2 dx_4{}^2.$$
(D$_2'$)

We finally consider the case when all three coefficients n, a_1, a_2 vanish, so that M does not depend on x_1 and x_2.

During the integration of Eq. (2) we again run into two cases:

$$1.\ \lambda R^2 = 3, \qquad\qquad M = \frac{M_0(x_4)}{x_3},$$

$$2.\ \lambda R^2 = 1, \qquad\qquad M = M(x_4),$$

where M_0 and M are arbitrary functions of their arguments.

The first case proves to be a special case of the interval determined by the formula (D$_2'$); an easy calculation shows that the density ρ of matter here vanishes.

The second case[4] leads, as one can easily persuade oneself, to a density of matter different from zero. To decide if here the density comes out positive or negative, we must draw on that form of the interval which corresponds to an indefinite quadratic form and is expressed by the formula (D$''$). Calculating with the gravitational potentials of the formula (D$''$), one finds that in the considered case M is a function of x_4 alone; accordingly we can, without harming generality, set $M = 1$ [to do so one only has to introduce instead of x_4 the coordinate $\overline{x_4} = \varphi(x_4)$]. Calculating under this assumption the density ρ, one finds:

$$\lambda = -\frac{c^2}{R^2}, \qquad\qquad \rho = -\frac{2}{\kappa R^2},$$

$$d\tau^2 = -\frac{R^2}{c^2}\frac{dx_1{}^2 + dx_2{}^2 + dx_3{}^2}{x_3{}^2} + dx_4{}^2.$$
(D$_3''$)

---

[4] Of the possibility of this case I was made aware by Dr. W. *Fock*.

세상에서 가장 쉬운 과학 수업 우주팽창이론

This case thus gives a negative value for ρ.

Summarising, we can say that *the stationary world with constant negative curvature of space is only possible for vanishing or negative density of matter; the interval corresponding to this world is expressed through the formulae* (D_1'), (D_2') *and* (D_3'') *given above*.

3. We now turn ourselves to the case of the non-stationary world. We remark first of all, that here M is a function of x_4 alone; the considerations used by us several times before show that one may assume that M is equal to unity. Under the stated presuppositions we find without trouble that the equations (A) for $i = 1, 2, 3$; $k = 4$; and for $i, k = 1, 2, 3$ are identically satisfied.[*] If we set $i = k = 1, 2, 3$ in here, we obtain the differential equation of second order that serves to determine the function $R(x_4)$, namely:[**]

$$\frac{R'^2}{R^2} + \frac{2RR''}{R^2} + \frac{1}{R^2} - \lambda = 0. \tag{9}$$

This equation is completely analogous to our earlier equation [Eq. (4) of the cited Notice]; the latter goes over precisely into Eq. (9), if one sets there $c = 1$. We can thus carry over the entire discussion of the Eq. (4), l.c., for the equation just written down.[†] For this reason we will not go into it, but only calculate the density of matter ρ for the non-stationary world.

If we write for the case of the non-stationary world the interval in the form (D''), we thus obtain for R the differential equation:

$$\frac{R'^2}{R^2} + \frac{2RR''}{R^2} - \frac{c^2}{R^2} - \lambda = 0.$$

The integration of this equation yields us the relation:

$$\frac{R'^2}{c^2} = \frac{A + R + \frac{\lambda}{3c^2}R^3}{R},$$

---

[*] Again, the condition i not $= k$ should have been stated for the latter index combination; cf. §2. 2. of the first paper — *Eds.*

[**] This equation has the wrong sign in the curvature term for a $k = -1$ expanding universe; cf. the correct following equation. This is apparently because these are the field equations for the positive definite metric form (D') rather than the indefinite metric form (D'') — *Eds.*

[†] It is here that the author fails to distinguish adequately between the dynamics of $k = +1$ and $k = -1$ universes. Presumably he would have made this distinction if he had paid more attention to the following equation — *Eds.*

where A is an arbitrary constant. If one calculates the density ρ, there results:

$$\rho = \frac{3\,A}{\kappa\,R^3}\,.\tag{10}$$

The formula (10) shows that for a positive A the density of matter is likewise positive.

From this follows *the possibility of the non-stationary worlds with constant negative curvature of space and with positive density of matter*.

§3. 1. We turn ourselves to the discussion of the physical meaning of the result obtained in the preceding paragraphs. We have convinced ourselves that the *Einstein* world equations possess solutions that correspond to a world with constant negative curvature of space. This fact points out that the world equations taken alone are not sufficient to decide the question of the finiteness of our world. Knowledge of the curvature of space gives us still no immediate hint on its finiteness or infinitude. To arrive at a definite conclusion on the finiteness of space, one needs some supplementary agreements. Indeed we designate a space as finite, if the distance between two arbitrary non-coincident points of this space does not exceed a certain constant number, whatever pairs of points we might like to take. Consequently we must, before we tackle the problem of the finiteness of space, come to an agreement as to which points of this space we regard as different. If we e.g. understand a sphere to be a surface of the three-dimensional Euclidean space, we count the points that lie on the same circle of lattitude and whose longitudes are different by just 360° as coincident; if we had in contrast considered these points as different, we would obtain a multiply-leafed spherical surface in Euclidean space. The distance between arbitrary [two] points on a sphere does not exceed a finite number; if we, however, conceive of this sphere as an infinitely-many leafed surface, we can (by associating the points with different leaves in an appropriate manner) make this distance arbitrarily large. From this it becomes clear that before one goes into the considerations on the finiteness of space, one must make precise as to which points will be regarded as coincident and which as different.

2. As a criterion for the distinctness of points could serve, amongst others, the principle of "phantom anxiety". By this we mean the axiom, that between every two different points one could draw only one straight (geodesic) line. If one accepts this principle, then one cannot regard two points which can be joined by more than one straight line as different. According to this principle e.g. the two end points of the same diameter of a sphere are not different from each other. Of course this principle excludes the possibility of phantoms, for the phantom appears at the same

세상에서 가장 쉬운 과학 수업 우주팽창이론

point as the image itself that is generating it.

The just discussed formulation of the concept of coincident and non-coincident points can lead to the picture that spaces with positive constant curvature are finite. However, the mentioned criterion does not allow us to conclude on the finiteness of spaces of negative constant curvature. This is the reason therefore that, according to our opinion, *Einstein* 's world equations without supplementary assumptions are not yet sufficient to draw a conclusion on the finiteness of our world.

St. Petersburg, November 1923.

current. Therefore, the proposal made in Ref. 2, of abandoning the identification of the group generators with integrals of local currents, should be understood in the sense that one must renounce either the local commutativity of the transformed field, or its transformation law under the Poincaré group being the same as for the original field.

(c) One might argue about the necessity of working with interpolating fields; however, the Hall-Wightman theorem applies just as well to the asymptotic fields. Thus it is possible to find a unitary representation of the transformation T for the asymptotic ("in" or "out") fields if and only if the masses show the degeneracy imposed by exact symmetry under T.

(d) It is possible to drop the hypothesis of a unique vacuum. This would allow for a "spontaneous breakdown" of an exact symmetry, as suggested by many authors.[6] However, in this case one is faced with the well-known problem of the massless particles,[7] unless one is prepared to renounce the idea that the symmetry is generated by conserved currents.[8]

We are grateful to Professor L. A. Radicati for useful discussions on this subject.

---

[1]B. W. Lee, Phys. Rev. Letters 14, 676 (1965); R. Dashen and M. Gell-Mann, Phys. Letters 17, 142 (1965).

[2]S. Coleman, Phys. Letters 19, 144 (1965).

[3]R. F. Streater and A. S. Wightman, _PCT, Spin and Statistics, and All That_ (W. A. Benjamin, Inc., New York, 1964).

[4]S. Coleman, to be published.

[5]D. Hall and A. S. Wightman, Kgl. Danske Videnskab. Selskab, Mat.-Fys. Medd. 31, No. 5 (1957). See also Ref. 3, pp. 162-167.

[6]Y. Nambu and G. Jona-Lasinio, Phys. Rev. 122, 345 (1961); M. Baker and S. L. Glashow, Phys. Rev. 128, 2462 (1962). For a discussion from the axiomatic point of view, see R. F. Streater, Proc. Roy. Soc. (London) A287, 510 (1965).

[7]R. F. Streater, Phys. Rev. Letters 15, 175 (1965).

[8]J. Łopuszański and H. Reeh, Phys. Rev. 140, B926 (1965).

PRIMEVAL HELIUM ABUNDANCE AND THE PRIMEVAL FIREBALL*

P. J. E. Peebles

Palmer Physical Laboratory, Princeton University, Princeton, New Jersey
(Received 7 February 1966)

We have now a second point[1] on the spectrum of the microwave background,[2] and it is consistent with the idea[3] that this is black-body radiation, the primordial fireball left over from the "big bang." If this is confirmed by further observations at shorter wavelengths we will have learned the present temperature of the universe, and we will be able to trace back from this temperature to find something about the history of the universe. At an early stage in the expansion of the universe, thermal reactions would have produced deuterium and helium: This is the old big bang theory of the formation of the elements. The purpose of this note is to present the results of a recent calculation of the primeval element abundances issuing from the big bang. These depend on two observable quantities, the temperature of the fireball radiation and the mean mass density in the universe. The abundances are high enough that an observational test appears quite possible. The details of the calculation will be described elsewhere.

The computed helium and deuterium abundances are shown in Fig. 1. The best estimate for the mean mass density in the universe would be in the range 7×10^{-31} g/cm³ (the estimated mass in galaxies[4]) to 2×10^{-29} g/cm³ (the mass density required to close the universe). For this density range, if the present temperature of the fireball is $3°K$,[1,2] the computed primeval helium abundance is 27 to 30% by mass. If the average mass density in the universe were a factor of 30 below the accepted estimate of the mass in galaxies, it would lead to a much lower primeval helium abundance.

It would be very interesting to compare the helium abundances in Fig. 1 with the composition of the oldest stars in our galaxy, but at present very little is known about the helium abundance in these stars. From the composition of solar cosmic rays and spectroscopic heavy-element abundances, and from solar models, the helium abundance in the sun is thought to be about 25% by mass,[5] and an abundance as high as 30% would not be excluded.

세상에서 가장 쉬운 과학 수업 우주팽창이론

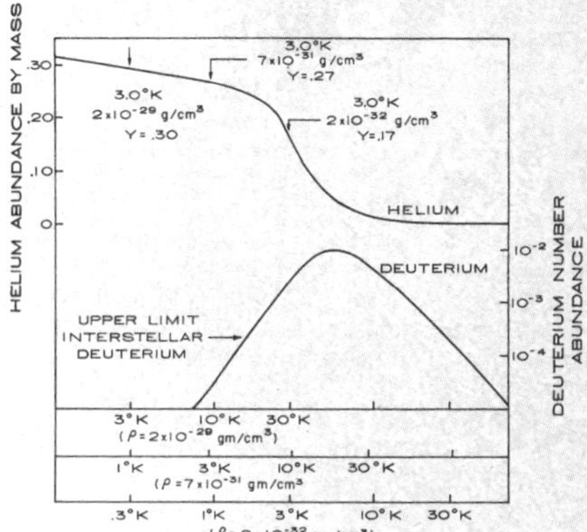

FIG. 1. Helium and deuterium production in the early universe. The abundances are given as functions of the temperature of the primordial black-body radiation in the present universe. The three scales for the radiation temperature correspond to three different assumptions about the mean mass density in the present universe.

An important question here is whether the solar helium abundance could be accounted for by production in earlier generations of stars. It has been emphasized that the present rate of hydrogen burning in the galaxy is not enough to produce this much helium over the lifetime of the galaxy, possibly indicating a high primordial helium abundance.[6] Also, the rapidly evolving massive stars which would have produced the elements in the solar system actually may produce less helium than heavier elements,[7,8] implying a helium production less than the heavy-element abundance, roughly 2% by mass. On the other hand, we know from the rapid increase of heavy elements through the population-II stars that the early galaxy was much more active than it is now, and stellar evolution theory is not well enough established to exclude a high rate of helium production in massive stars in the young galaxy. The high initial helium abundance required by the theory therefore remains quite possible, but it appears that a definite test of the theory must await improved observational evidence.

The deuterium abundance shown in Fig. 1 can exceed the upper limit on the abundance of interstellar deuterium,[9] but deuterium would have been burned out of the hydrogen in the cycling of material through stars. Since we thus can imagine deuterium being produced or destroyed in the galaxy, with the present state of knowledge the deuterium abundance cannot provide a very clear test either for or against the theory. The computed He^3/He^4 abundance ratio is somewhat less than the abundance ratio found in primordial gas in meteorites, so apparently it should be assumed that some He^3 was produced in the galaxy. There appear to be no reactions capable of producing appreciable amounts of elements heavier than helium.

The abundances in Fig. 1 were obtained with two basic assumptions; that general relativity is valid, and that the universe may be treated as homogeneous and isotropic. It has been pointed out[10] that if we relaxed the condition of isotropy, and allowed a homogeneous shear motion, the expansion time scale in the early universe could be decreased almost at will. This is an important point, but there is a general difficulty with the idea that the early universe may have been highly anisotropic, or irregular. We know from galaxy counts and red-shift observations that the universe is, in the large, homogeneous and isotropic about us out to a red shift of perhaps $Z = 0.2$. Assuming that the new microwave background is the primordial fireball, we have also a measure of isotropy at a much larger distance. If the early universe were highly anisotropic it would require a very special choice of the free parameters of the solution to assure a nearly isotropic universe now. Given the freedom of starting with a highly anisotropic universe it is difficult to believe that these parameters would have been just such as to present us now with an isotropic universe. More generally, if we introduced any appreciable perturbation to the expansion time scale or density distribution in the early universe, we must expect that the perturbations would only grow worse with time. There do exist solutions in wnich the perturbations grow smaller, but, just as in conventional perturbation problems, we would never expect to observe a decaying perturbation when a growing perturbation exists, because it would require so very special initial conditions.

Element production in the big bang is based on the idea[11] that if we can trace the expansion of the universe back to a temperature well above

10^{10} °K (1 MeV), we find that the thermal pair-production reactions flood space with electron and neutrino pairs, and these leptons react with nucleons, the most important reactions being

$$p + e^- \leftrightarrow n + \nu, \qquad (1)$$

$$p + \bar{\nu} \leftrightarrow n + e^+. \qquad (2)$$

The resulting neutron abundance was first computed in detail by Alpher, Follin, and Herman.[12]

The neutrons can react with protons to form deuterium, but photodissociation keeps the abundance very low until the temperature has dropped to about 10^9 °K. The amount of element formation thus depends on the nucleon density in the universe when the temperature has dropped to 10^9 °K. On the plateau at the left-hand side of the helium abundance curve in Fig. 1, almost all the neutrons which survive to the time nuclear burning becomes possible react to form deuterium, which burns to helium. The helium abundance increases slowly with decreasing temperature because fewer neutrons decay before nuclear reactions commence. For a high primordial fireball temperature the nucleon density would be low when nuclear burning could begin, so little deuterium or helium would be produced. The deuterium abundance is maximum at the shoulder of the helium curve: In a hotter universe little deuterium is produced, and in a colder universe a good deal of deuterium is produced but most of it burns to helium.

The rate of expansion of the universe depends on the energy density and pressure of the electromagnetic radiation, electron pairs, and the two kinds of neutrinos. It may be assumed that these all are in thermal equilibrium in the early universe, but when the electron pairs recombine, at 10^{10} °K, the energy goes into radiation, and the radiation temperature ends up higher than the neutrino temperature by the factor $(11/4)^{1/3}$.

The reaction rates for (1) and (2) were obtained from the $V-A$ theory, neglecting electromagnetic corrections, and the coupling constants taken from a recent review.[13] The electron density was computed using the free-particle approximation. The half-life for neutron decay was taken to be 11.7 min, with no correction for partial degeneracy of the electrons and neutrinos because by the time any appreciable number of neutrons can decay the partial degeneracy extends to an energy well less than the decay energy. For the same reason we can neglect the three-body reaction which is the reverse of neutron decay. From a numerical integration taking account of (1), (2), and neutron decay, the neutron abundance was found to be consistent within 5% with the previous calculation of Alpher, Follin, and Herman.[12]

The important nuclear reactions are[14] $n + p \rightarrow d + \gamma$, $d + d \rightarrow \mathrm{He}^3 + n$, $d + d \rightarrow t + p$, $\mathrm{He}^3 + n \rightarrow t + p$, and $t + d \rightarrow \mathrm{He}^4 + n$. There are many other possible reactions, but for conditions of interest none would appreciably affect the final deuterium abundance. In some cases the He^3 abundance would be lowered if we took account of other He^3-burning reactions. With regard to the He^4 abundance, we know quite generally that it is a question of how completely the nuclei can relax to thermal equilibrium. The introduction of any new nuclear reactions could only increase the relaxation rate, and so increase the final abundance of helium (or heavier elements).

The experimentally determined reaction cross sections were fitted to simple formulas, the cross section taken to be inversely proportional to velocity for the neutron-capture reactions and a formula of the Gamow type assumed for the charged-particle reactions, and the results numerically integrated against a Maxwell velocity distribution to obtain the reaction rates. The six differential equations for the abundances, taking account of reactions (1) and (2), neutron decay, the above mentioned nuclear reactions, and the reverse of each of these reactions, were numerically integrated from an initial temperature of 10^{12} °K, through the completion of nuclear burning. The results of a typical integration are shown in Fig. 2.

If the universe contains gravitational radiation, or perhaps a new kind of neutrino field, the time scale for expansion is reduced. This increases the neutron abundance coming out of the bang, and so raises the level of the plateau on the left-hand side of the helium-abundance curve in Fig. 1. If we introduce new radiation energy density equivalent to a new kind of (two-component) neutrino field, the resulting helium abundance by mass is increased from 0.30 to 0.32. The additional radiation also moves the shoulder of the curve to the left, the radiation temperature at the shoulder varying inversely as the sixth root of the total energy density in the form of primeval radia-

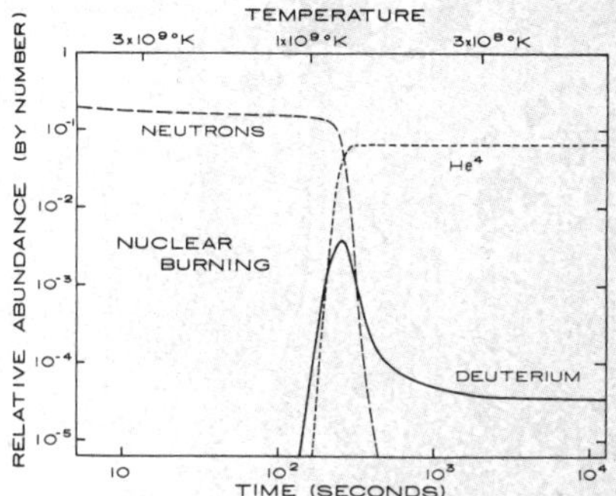

FIG. 2. Abundances of the elements versus time. It is assumed here that the present primordial fireball radiation temperature is 3.5°K and the present mean mass density in the universe is 7×10^{-31} g/cm³.

tion and neutrinos. Assuming that the nucleon mass density now is at least 7×10^{-31} g/cm³, with the addition of an amount of radiation consistent with the limits implied by the acceleration parameter the first effect is more important, and the primeval helium abundance is increased.

For a reasonable value of the mean mass density in the universe we have concluded that the theory requires a large primeval helium abundance, and if this agrees with observation it must be considered a remarkably stringent test of general relativity. On the other hand, if the primeval helium abundance is found to be low, and the presence of the 3°K primordial fireball confirmed, we believe that the result will be difficult to explain on the basis of conventional general relativity.

It is a pleasure to acknowledge fruitful discussions of this problem with R. H. Dicke, D. T. Wilkinson, P. G. Roll, and R. J. Tayler.

*This research was supported in part by the National Science Foundation and the Office of Naval Research of the U. S. Navy.

[1] P. G. Roll, and D. T. Wilkinson, Phys. Rev. Letters 16, 405 (1966).

[2] A. A. Penzias and R. W. Wilson, Astrophys. J. 142, 420 (1965).

[3] R. H. Dicke, P. J. Peebles, P. G. Roll, and D. T. Wilkinson, Astrophys. J. 142, 414 (1965).

[4] J. H. Oort, Onzieme Conseil de I'Institut International de Physique Solvay, La Structure et l'Evolution de l'Univers (Editions Stoops, Brussels, 1958), p. 163; S. van den Bergh, Z. Astrophys. 53, 219 (1961).

[5] J. Gaustad, Astrophys. J. 139, 406 (1964).

[6] F. Hoyle and R. J. Tayler, Nature 203, 1108 (1964).

[7] C. Hayashi, in Origin of the Solar System: Proceedings of a Conference held at the Goddard Institute for Space Studies, New York, 1963, edited by R. Jastrow and A. G. W. Cameron (Academic Press, Inc., New York, 1963).

[8] J. W. Truran, C. J. Hansen, and A. G. W. Cameron, to be published.

[9] R. L. Adgie, Paris Symposium on Radio Astronomy, edited by R. Bracewell (Stanford University Press, Stanford, California, 1958), p. 352.

[10] R. Kantowski and R. Sachs, to be published.

[11] C. Hayashi, Progr. Theoret. Phys. (Kyoto) 5, 224 (1950).

[12] R. A. Alpher, J. W. Follin, and R. C. Herman, Phys. Rev. 92, 1347 (1953).

[13] G. Källén, Elementary Particle Physics, (Addison-Wesley Publishing Company, Inc., Reading, Massachusetts, 1964), p. 353.

[14] E. Fermi and A. Turkevich, in work described by R. A. Alpher and R. C. Herman, Rev. Mod. Phys. 22, 193 (1950).

피블스 1 논문 영문본

How Physical Cosmology Grew

Nobel Lecture, December 8, 2019 by
P. James E. Peebles
Princeton University, Princeton, NJ, USA.

I BEGAN STUDYING the large-scale nature of the universe in 1964, on the advice of Professor Robert Henry Dicke at Princeton University. Bob guided my doctoral dissertation and from then on, I counted on him as my professor of continuing education.

The usual thinking at the time was that the universe is homogeneous in the large-scale average, and that it is expanding and evolving as predicted by Einstein's general theory of relativity. The schematic nature of this cosmology, and its scant observational support, worried me. But I saw a few interesting things to look into, the results suggested more, and that continued through my career. I review my story at length in the book *Cosmology's Century* (Peebles 2020). Here I recall a few of the steps along the path to the present standard and accepted cosmology that is so much better established than what I encountered in the early 1960s.

Cosmology became more interesting with the discovery that the universe is filled with a near uniform sea of microwave radiation with a thermal spectrum at a temperature of a few degrees Kelvin. This CMB (for cosmic microwave background radiation) proves to be a remnant from the hot early stages of expansion of the universe. Theory and observations in this great advance converged in a complicated way.

In 1964 Bob Dicke explained to three junior members of his Gravity Research Group, Peter Roll, David Wilkinson, and me, why he thought the

universe might have expanded from a hot dense early condition. In this
hot big bang picture space would be filled with a near uniform sea of ther-
mal radiation, left from the hot early conditions and cooled by the expan-
sion of the universe. Bob suggested that Peter and David build a micro-
wave radiometer that would detect the radiation, if it's there, and he sug-
gested that I think about the theoretical implications of the result. We
knew there may be nothing to detect. But we were young, the project did
not seem likely to take too much time, and it called for interesting experi-
mental and theoretical methods. I expected I soon would return to some-
thing less speculative. That did not happen because the sea of radiation
was discovered and gave employment to David and me for the rest of our
careers.

Peter Roll went on to a career in education, putting computers into
teaching laboratories. Figure 1 shows David and me with Bob Dicke, in a
photograph taken about a decade after identification of the presence of
the sea of microwave radiation. A balloon carried the instrument in front
of us above most of the atmosphere, and a radiometer detected the differ-
ence of responses to a pair of horn antennae separated by 90°, so each is
tilted 45° from the vertical. As the instrument rotated around its vertical
axis this difference of responses made a precision map of variations of the

Figure 1. Left to right David Wilkinson, Jim Peebles, and Bob Dicke, in the late 1970s.

radiation intensity across the sky. You see four horns: two pairs of antennae that operate at two radiation frequencies. This is one of a series of experiments by David and colleagues, along with groups at a few other places, that placed increasingly tight bounds on the departure from exact isotropy. That was leading to the critical developments in the early 1980s to be discussed.

The evidence I know is that the sea of microwave radiation was first detected in the late 1950s as unexpected excess noise in experiments in microwave communication at the Bell Telephone Laboratories. To account for this excess the engineers assumed that radiation from the environment entering through the side and back lobes of their antenna contributes about 2 K to the total noise received (DeGrasse et al. 1959). But this was a fudge; their antenna rejects ground radiation better than that. The unexplained excess consistently appeared in later experiments. It remained a "dirty little secret" at Bell Labs until 1964, when Arno Penzias and Robert Wilson, both new to the Bell Radio Research Laboratory at Crawford Hill, New Jersey, resolved to look into the problem. They carefully searched for the explanation of this puzzling excess microwave noise, whether originating in the instrument or somehow entering from the surroundings. News of the Princeton search for radiation from a hot early universe showed them a possible solution: maybe the Bell excess noise is from a sea of radiation.

Bell Laboratories showed us in Princeton credible evidence that we are in a sea of microwave radiation, and that the radiation is close to uniform because the excess noise is close to the same wherever in the sky the antenna points. It proves to be what Dicke had suggested we look for, a fossil from the hot early stages of expansion of the universe. How did the Princeton group react to being scooped by Penzias and Wilson? My recollection is excitement at the realization that there actually is a sea of microwave radiation to measure and analyze. Why did the Nobel committee not name Dicke with Penzias and Wilson for the identification of this radiation? Naming Penzias and Wilson was right and proper, because they refused to give up the search for the source of the excess noise and, equally important, they complained about it until someone heard and directed them to Bob Dicke. Bob directed the search for the radiation that explains the Bell Labs anomaly that so puzzled Penzias and Wilson.

At Bob Dicke's suggestion I had been thinking about the significance of finding or not finding a sea of radiation. A negative result, a tight upper bound on the radiation temperature, would have suggested an interesting problem. The great density of matter in the early stages of expansion of an initially cool universe could have made the electron degeneracy energy large enough to have forced conversion of electrons and protons to neutrons. The problem with this is that neutrons and their decay protons would have readily combined to heavier elements, contrary to the known large cosmic abundance of hydrogen. So, I proposed a way out: postulate a sea of neutrinos with degeneracy energy large enough to have prevented electrons from combining with protons. In the Soviet Union Yakov Zel'dovich saw the same problem with a cold big bang and he offered the same solution, lepton degeneracy. Since Zel'dovich was an excellent physicist it is no surprise that he reached the same conclusion, given the problem. The interesting thing is that we saw the problem at essentially the same time, independently. The consideration somehow was "in the air." I think any experienced physicist can offer other examples of apparently independent discoveries. It seems to have taken a sociologist, Robert Merton (1961), to recognize that this is a phenomenon that deserves to be named. He termed it "multiples in scientific discovery." He also named the phenomenon "singletons in scientific discovery," which he argued may be less common.

I saw that a universe hot enough to have left a detectable sea of thermal radiation would have tended to leave the abundances of the elements in a mix characteristic of the rapid expansion and cooling of the early universe. In an unpublished preprint in late 1964, I estimated that a reasonable upper bound on the primeval helium abundance requires a lower bound on the CMB temperature, $T_o \gtrsim 10$ K, in the absence of degeneracy. My estimate of the foreground radiation from observed stars and radio-loud galaxies indicated that a sea of thermal radiation at this temperature would be readily detected above the foreground.

We might pause to review why I had a lower bound on T_o. During the course of expansion of the early universe, when the temperature fell through the critical value $T_c \gtrsim 10^9$ K, detailed balance would have switched from suppression of deuterons by photodissociation to accumulation by radiative capture. When deuterons accumulate, they can merge to heavier isotopes by the more rapid particle exchange reactions. The smaller the present temperature T_o, the further back in time the temperature passed through T_c, hence the greater the baryon density at T_c, thus the more complete the incorporation of neutrons in deuterons before the neutrons can have decayed, which means the greater the helium production. The amount of element production is determined by the combination ρ_b/T^3, where ρ_b is the present baryon mass density. My upper bound on the primeval helium abundance, $Y = 0.25$ by mass, is reasonably close to the present standard value, and my lower bound on the mass density, $\rho_b = 7 \times 10^{-31}\mathrm{g\ cm^{-3}}$, which I of course took to be all baryons, is not much above the established value of the present baryon density. So, my 1964 bound on the CMB temperature is a factor of three high. I have not attempted to discover why.

After I had worked out these considerations I learned that George Gamow already presented the physics of element buildup in a hot big bang in two memorable papers published in 1948 (Gamow 1948a,b). Gamow had earlier proposed that the chemical elements were produced in the hot early stages of expansion of the universe by successive neutron captures, beta decays keeping the atomic nuclei in the valley of stability. His graduate student, Ralph Alpher, computed the element abundances to be expected in this picture, and he and his colleague Robert Herman (1948) found the first estimate of the CMB temperature based on Gamow's picture. Their value is closer than mine, $T_o \simeq 5$ K. Their story is complicated, however, because they used a smooth fit to the measurements of the neutron capture cross section as a function of atomic weight, and they extrapolated this smooth fit to lower atomic weight through atomic mass 5. Alpher knew there is not a reasonably long-lived isotope at mass 5, so he made the sensible working assumption that nuclear reactions to be discovered bridge the gap. Eliminating this and the other gaps allowed a computation of the buildup of the heavy elements. The Alpher and Herman normalization of ρ_b/T_o^3 is based on their fit to measured abundances of the heavy elements. The detective work establishing this is in Peebles (2014).

Following up an idea with a detailed computation was not Gamow's style. But Fermi and Terkevich at the University of Chicago soon worked the first computation of the buildup of element abundances in a hot big bang using realistic nuclear reaction rates. They established that there

세상에서 가장 쉬운 과학 수업 우주팽창이론

would be little element buildup beyond helium, a result of Alpher's
mass-5 gap. Gamow (1949) reported their result. I could compute in more
detail and show evidence that the predicted light isotope abundances
coming out of a hot big bang could match the observations. I first ana-
lyzed this in 1964, unpublished because I realized I had reinvented the
wheel. Soon after that we realized there is a sea of microwave radiation,
and after that I published a better computation in Peebles (1966).

Meanwhile, in the Soviet Union, Zel'dovich knew Gamow's ideas but
thought they must be wrong because the theory predicts an unacceptably
large primeval helium abundance. To check the prediction, he asked Yuri
Smirnov (1964) to compute element production in the hot big bang
model, along the same lines I was taking in the USA.

In the UK, Hoyle and Tayler (1964) knew the evidence that the helium
abundance in old stars is large, and not inconsistent with Gamow's
(1948a,b) ideas. Hoyle asked John Faulkner to check Gamow's estimate of
deuterium buildup. That was followed by more detailed computations by
Wagoner, Fowler, and Hoyle (1967). Tayler (1990) recalls that in 1964 he
and Hoyle realized that Gamow's theory predicts the presence of a sea of
thermal radiation, a fossil from the early hot conditions, but they sup-
posed it would be obscured by all the radiation produced since then.

So, consider the situation in 1964. In the USSR, Zel'dovich thought
Gamow's hot big bang theory is wrong because it overpredicts the helium
abundance. In the UK, Hoyle knew the evidence that the prestellar helium
abundance is large, and maybe consistent with Gamow's theory. But
Hoyle expected the fossil radiation that would accompany it would be
uninterestingly small. In the USA, I did not know about Gamow yet, but I
knew there was a chance of detecting fossil radiation from a hot big bang
that made helium because the foreground at microwave frequencies
looked likely to be small. Also, in the USA, 30 miles from Princeton, Pen-
zias and Wilson had a clear case of detection of microwave radiation of
unknown origin. All of this was tied together the following year. It is a
charming example of a Merton multiple.

Yet another multiple was the recognition of the role of the sea of ther-
mal radiation in the gravitational growth of the galaxies, independently by
Gamow, Zel'dovich and his group, and me. I hit on what might be a single-
ton, the analysis of the effect of the dynamical interaction of matter and
radiation in a hot big bang cosmology (in Peebles 1965 and many later

papers). The early universe would have been hot enough to have thermally ionized matter, and the Thomson scattering of the CMB by free electrons and the Coulomb interaction of electrons and ions would have caused plasma and radiation to act as a viscous fluid. That meant small departures from exact homogeneity in the early universe would tend to oscillate as acoustic waves. Oscillation would be terminated when the plasma cooled to the point that it combined to neutral atoms, freeing the radiation and allowing gravity to draw the baryonic matter into clumps. The termination of acoustic oscillations is a boundary condition that favors discrete wavelengths. That imprints distinctive patterns on the distributions of matter and radiation. The effects became known as BAO, for baryon acoustic oscillations. By the late 1960s the hot big bang cosmology community had grown large enough that several of us, particularly Joe Silk (1967), more or less independently worked out the viscous fluid description of the evolution of departures from homogeneity. I developed the basic ideas of the modern approach to the growth of cosmic structure that describes the radiation by its distribution in phase space. My first graduate student, Jer-tsang Yu, and I applied this theory in the numerical solutions of the effects of BAO on the distributions of matter and radiation published in Peebles and Yu (1970).

It took some time to connect BAO theory to observations of the effect in the distributions of matter and radiation. The BAO effect in the angular distribution of the CMB was discovered and well measured at the turn of the century, and at the time there was a hint of detection in the galaxy space distribution (as reviewed in Peebles 2020). The BAO signature in the galaxy distribution was particularly well seen in the galaxy two-point position correlation function. The matter power spectrum shown in Peebles and Yu has a series of roughly equally spaced bumps, at the wavelengths of the modes favored by the boundary condition, the decoupling of matter and radiation. The correlation function is the Fourier transform of the power spectrum. The Fourier transform of a sine wave is a delta function. The Fourier transform of a series of bumps, which is an approximation to a sine wave, produces an approximation to a delta function, a bump in the correlation function. I presented the prediction of this bump in Peebles (1981, Fig. 5). Tom Shanks (1995) set out to find it, but the available data were not adequate. Daniel Eisenstein rediscovered the bump through a consideration of the Greens's function for the matter. It is a different argument on the face of it but physically equivalent to mine. Daniel and colleagues demonstrated the bump in data from the Sloan Digital Sky Survey (Eisenstein, Zehavi, Hogg, et al. 2005). It is a sign of the times that my 1981 paper is single-author and the 2005 paper lists 50 authors. But they were needed for the data to detect this subtle effect. And we might note that the bump is much weaker than what Yu and I had considered because the nonbaryonic dark matter weakens the BAO effect. Anyway, I consider the connection of theory and observation of the effect of BAO to be a multiple.

For most of the time between BAO theory and observation it was not at all clear to me that there would be a detection. The BAO theory assumes standard physics, including the general theory of relativity. That is an extrapolation from the tests in the solar system and smaller, on scales $\gtrsim 10^{13}$ cm, to the scales of cosmology, $\sim 10^{28}$ cm. Would you be inclined to trust an extrapolation of fifteen orders of magnitude? The theory also assumes cosmic structure grew out of departures from homogeneity associated with small near scale-invariant spacetime curvature fluctuations. There were other possibilities. What is more, there was a hint that some of these assumptions fail because they predict that the sea of microwave radiation, the CMB, has a close to thermal spectrum. Prior to 1990 the measurements suggested a significant excess over thermal at wavelengths shorter than the theoretical Wien peak. That might mean violent events in the early universe released a lot of energy, contributing some of it to the CMB and some to rearranging the matter. Or maybe the universe is not very close to homogeneous; maybe we observe a mix of radiation temperatures from different regions. Either might be expected to have spoiled the BAO signatures computed in linear perturbation theory.

This uncertain situation was resolved in 1990 by two brilliant experiments, one carried by the USA NASA satellite COBE, the other by the Canadian University of British Columbia rocket COBRA. Both established that the spectrum is very close to thermal (Mather, Cheng, Eplee, *et al.* 1990; Gush, Halpern, and Wishnow 1990). That demonstration, a clear multiple, eliminated a serious challenge to the BAO theory. John Mather rightly was named a Nobel Laureate for his leadership in the spectrum measurement. Herb Gush was equally deserving; awards can be capricious.

Prior to the demonstration that the CMB spectrum is wonderfully close to thermal I had to consider the possibility that there is a real and substantial departure from that equilibrium condition. The interpretation would be messy. I didn't want to think about it, so while awaiting clarification of the spectrum measurements I turned to another program, statistical measures of the galaxy distribution and motions relative to the mean homogeneous expansion of the universe. There were several catalogs of galaxy positions ready and waiting for analyses. Most important was the catalog assembled by Donald Shane and his collaborators, mainly Carl Wirtanen, at the Lick Observatory of the University of California. They counted galaxies in small cells in the sky, logging some one million galaxies by scanning photographic plates with a traveling microscope. This heroic effort took them ten years. Converting to data suitable for computation of statistical measures was a considerable effort too. Graduate students in physics seem to have a sense of where interesting things are happening and gather around. Graduate students Jim Fry, Mike Seldner, Bernie Siebers, and Raymond Soneira did much of the heavy lifting, along with my colleague on the faculty, Ed Groth.

Since I like images, I was pleased with the map we made of the large-scale galaxy distribution. And I was delighted to have the chance show the map to Donald Shane and ask whether it looks like what he saw. He laughed and said, "I was looking at this one galaxy at a time."

The Lick and other catalogs are compilations of galaxy angular positions with approximate distances. The statistical measures I used are N-point position correlation functions and their Fourier or spherical harmonic transforms. These statistics allow convenient translations from angular to the wanted spatial functions. And the N-point functions scale in a predictable way with the characteristic distances of the galaxy samples, assuming the universe is a stationary random process. That was particularly important because it allowed a test for systematic errors by checking the scaling of the angular correlation functions with depth. Another singleton in my career is the successful demonstration of scaling published in Groth and Peebles (1977). It showed that we had reliable measurements of the low order galaxy position correlation functions at separations from a few tens of kiloparsecs to a few megaparsecs. Methods and results for this program are assembled in my book, *The Large-Scale Structure of the Universe* (Peebles 1980).

세상에서 가장 쉬운 과학 수업 우주팽창이론

Why did I devote so much effort to this program? I enjoy this kind of analysis. And I had the vague feeling that the results might offer a hint to how the galaxies and their clumpy space distribution got to be the way they are. That happened, more or less, as follows.

By 1980 it had become clear that the sea of microwave radiation is far smoother than the space distribution of the galaxies. But the mass concentrations in galaxies and groups and clusters of galaxies were supposed to have grown by gravity out of the initially close to homogeneous early universe of the hot big bang theory. How could this growth of mass concentrations have so little disturbed the CMB? Surely the gravitational gathering of mass concentrations in the early universe would have drawn the radiation with it, dragged by the coupling of plasma and radiation. That would have seriously rearranged the radiation. Such a disturbance to the radiation was not observed in the measurements by David Wilkinson and his students and by others in the growing community of empirical cosmologists. Bruce Partridge (1980), who had moved on from the Princeton Gravity Group to Haverford College, presents a considerable list of the increasingly tight bounds on the CMB anisotropy we had in the years around 1980. So why is the CMB so smooth? In yet another of Merton's multiples, I and Zel'dovich's group in the USSR independently guessed the answer: Suppose the baryonic matter that stars and planets and people are made of is only a trace element, and that most matter is dark and interacts weakly if at all with radiation and our type of baryonic matter (Doroshkevich, Khlopov, Sunyaev, Szalay, and Zel'dovich 1981; Peebles 1982). The CMB would slip freely through this nonbaryonic dark matter, allowing mass concentrations to grow while disturbing the CMB only by the weak effect of gravity and by the interaction with a modest amount of our baryonic matter. In pursuing this line of thought I had some advantages over Zel'dovich and colleagues, the other main group active on the theoretical side of empirically based cosmology in those days. They assumed the dark matter is one of the known neutrino families with a rest mass of a few tens of electron volts (the mass allowed by the condition that the mass density of the neutrinos thermally produced along with the CMB not exceed what cosmology would allow, and the mass indicated by a laboratory experiment later falsified). The rapid motions of these neutrinos in the early stages of expansion of the universe would have smoothed the primeval mass distribution to a mass scale typical of rich clusters of galaxies. That would mean the first generations of bound mass concentrations were much larger than galaxies. These concentrations would have to have fragmented to form the galaxies. But I knew rich clusters are rare, and most galaxies are not near any of the clusters. And we all know that gravity tends to gather together, not cast away. Thus, it was pretty clear to me that the USSR scenario is not viable. Wanted instead was nonbaryonic dark matter that had been effectively cold in the early universe, meaning its pressure had not suppressed the early gravitational formation of small clumps of matter that would have merged to form the hierarchy of clumps we observe around us. I knew that elementary particle physicists had been speculating about forms of nonbaryonic matter that would have this wanted property. I also knew the relativistic prediction of the gravitational disturbance to the radiation produced by the departure from a homogeneous mass distribution. Rainer Sachs and Arthur Wolfe (1967) had worked that out. And I had a well-checked statistical measure of the space distribution of the galaxies, which I took to be the wanted measure of the mass distribution needed to normalize the model.

The model I put together from these pieces predicts that the disturbance to the CMB caused by the formation of the observed matter distribution would cause the CMB temperature to vary across the sky by a few parts per million. That is much less than the upper bounds from the CMB anisotropy measurements we had when I published this prediction in Peebles (1982). The CMB anisotropy was detected some 15 years later and found to agree with my computation within the modest uncertainties. This is no surprise because I guessed at the right physical situation, the computation is not complicated, and I had a reliable calibration from the galaxy space distribution.

The new form of matter in my 1982 proposal became known cold dark matter, or CDM, the "cold" meaning the dark matter pressure in the early universes was small enough not to have excessively smoothed the primeval mass distribution. I added the assumption that general relativity survives the immense extrapolation to the scales of cosmology, and that mass concentrations grew out of primeval spacetime curvature fluctuations. The introduction of this CDM cosmological model might be counted as a singleton, because I don't know that anyone else independently put all these pieces together. I just assembled pieces I already had, to be sure, but that's not unusual; we build on what came before.

세상에서 가장 쉬운 과학 수업 우주팽창이론

There was a remarkable multiple in 1977. Five groups, independently as far as I can tell, introduced the idea of a new class of neutrinos with rest mass ~ 3 GeV. They became known as WIMPs, for weakly interacting massive particles. WIMPs have the properties I needed, though the particle physicists who proposed WIMPs in 1977 certainly couldn't have foreseen that. And they were at best vaguely aware of the astronomers' evidence of subluminal mass around galaxies. Yet the WIMP idea appeared not long after the astronomers had good evidence of subluminal mass around galaxies, and not long before I needed nonbaryonic cold dark matter to account for the smoothness of the CMB.

My 1982 CDM cosmology was greeted with more enthusiasm than I felt it warranted because I could think of other models that would equally well fit what we knew then. The CDM model is particularly simple, to be sure, but does that mean it is the best approximation to the real world? In particular, my 1982 paper assumed for simplicity that the universe is expanding at escape velocity, but by that time I already knew what I considered to be reasonably good evidence that the expansion is faster than that.

Expansion at escape velocity, in the relativistic Einstein-de Sitter cosmological model that assumes space curvature and Einstein's cosmological constant may be ignored, would mean that whenever we happened to flourish and take an interest in the expanding universe, we would find that the rate of expansion is at escape velocity. That is, we would not have flourished at any special time in the course of expansion of the universe. This seems comforting somehow. I liked the thought, prior to 1982, but it proves to be wrong. The early indication came from Marc Davis, who had been a graduate student in Dicke's Gravity Research Group and moved on to Harvard and the Smithsonian Center for Astrophysics. Marc had worked with me in analyses of the theory of evolution of the galaxy distribution. He knew my hunger for measurements of galaxy redshifts that would improve the statistical measures, and he found that his new position had the resources for a systematic galaxy redshift survey. That was something new then. Marc invited me to join him in the data analysis. The results in Davis and Peebles (1983) surprised me by suggesting that we do flourish at a special epoch.

These redshift data yielded a probe of the relative motions of the galaxies. That gave a measure of galaxy masses, which indicated that the mean mass density is less than required for escape velocity. The community opinion was that this seems quite unlikely. One way out supposes most of the mass is not in the galaxies, but is more broadly spread, which would reduce the gravitational attraction of neighboring galaxies, reducing their relative velocities, as wanted. But that didn't seem right to me. Davis and I found consistent galaxy mass estimates from the relative motions of galaxies over a range of a factor of ten in separation. If mass were more broadly distributed than galaxies, shouldn't we see that more of the mass is detected as we increase the scale of the measurement? Also, the popular idea then was that mass is more broadly distributed than galaxies because galaxy formation had been suppressed in regions with lower mass density. It would have made galaxies more tightly clustered than mass, as wanted. But if galaxy formation were suppressed in low density regions then galaxies that did manage to form there ought to show signs of a deprived youth: irregulars or dwarfs. This was not seen in the Center for Astrophysics data.

From the early 1980s through the mid-1990s I played the role of Cassandra, emphasizing the growing evidence that the universe is expanding faster than escape velocity to people who for the most part would rather not think about it. I remember a younger colleague saying I only did it to annoy. I knew it teases, but I meant it, and I regret nothing. The evidence was reasonably good then, and it is well established now, that we flourish at a special time in the course of evolution of the universe, as the rate of expansion is becoming significantly more rapid than escape.

In 1984 I introduced the accommodation to the low mass density that proves to work: add Einstein's cosmological constant, Λ (Peebles 1984), in what became known as the ΛCDM theory. At the time others were starting to pay attention to my arguments for low mass density and were thinking about the benefits of adding Λ. Turner, Steigman, and Krauss (1984) proposed it, for example. The largest part of their paper is a discussion of the idea that the mass of the universe is dominated by relativistic products of the recent decay of a postulated sea of massive unstable particles. Their last three paragraphs are considerations of the benefits of adding Λ. From the choice of emphasis, I take it that they considered the hypothetical particle species with its relativistic decay products to be less adventurous than the addition of Λ. And Λ is odd indeed. Anyway, I think I was the first to present actual computations of the effect of adding Λ.

 세상에서 가장 쉬운 과학 수업 우주팽창이론

Einstein wrote his constant as λ. I don't know who introduced the change to Λ. I believe Michael Turner, the University of Chicago, introduced the change of name to dark energy. But whatever the name we don't understand the physical interpretation, though it's clear now that we need something that acts like Λ.

In the years around the mid-1990s I again acted in my self-appointed role of Cassandra, because I was not at all confident that the ΛCDM theory is a good approximation. The tests were not yet all that tight, and I could think of other models that fit the data about as well. In the late 1990s I was finishing my latest and maybe most elegant alternative to ΛCDM when I learned that the CMB anisotropy measurements revealed features characteristic of the theory Jer Ju and I had worked out a quarter century earlier. So, I abandoned the search for alternatives.

I remain surprised and impressed at how well ΛCDM passes ever more demanding tests. But I continue to hope that challenges to ΛCDM will be found and help guide us to a still better more complete theory.

I have written four books on the state of research in cosmology. I meant the title of the first, *Physical Cosmology*, to indicate that I did not intend to get into the subtleties of what might be termed astronomical cosmology: evidence from stellar evolution ages and the extragalactic distance scale. I don't think I thought of it at the time, but the title also helps distinguish my book from the earlier bloodless treatises on cosmology. I meant to explore the physical processes that are observed to have operated, or might be expected to have operated, in an expanding universe, and to explore how theory might be shaped to observations. At about the time of publication, in Peebles (1971), Steve Weinberg (1972) published his book, *Gravitation and Cosmology*. It is more complete in the mathematical considerations. Mine is more complete in the considerations of phenomenology and of how the phenomenology might be related to physical processes. The two books signal the change of physical cosmology from its near dormant state in the early 1960s to the start of a productive branch of research in physical science by the late 1960s.

My second book on cosmology, *The Large-Scale Structure of the Universe*, published in 1980, is a sort of catalog of the statistical measures I had devised and applied, the methods of analyses of how these measures might be expected to have evolved in an expanding universe, and the observational consequences of the evolution. I did not aim to arrive at a standard model for cosmology. Ideas about that were much too confused, a result of the still quite limited evidence. I meant this book to be a working guide to how we might proceed in research in physical cosmology. As it happened, thoughts about a standard model were seriously disrupted a few years later by my argument for dark matter that is not baryonic. Writing this book helped me introduce what came to be known as the Cold Dark Matter cosmological model, in 1982. I still consult *The Large-Scale Structure of the Universe* for reminders of methods.

My third book, *Principles of Physical Cosmology*, is much larger than the second, which in turn is much larger than the first. This one was published in 1993, at about the end of the time when it was practical to aim to present in one volume a reasonably complete assessment of the state of research in the physical science of cosmology. One certainly would not consider aiming for that now. Research in cosmology in the mid-1990s was an active turmoil of multiple ideas and promising-looking but confusing results from model fits to measurements in progress. That situation quite abruptly changed at the end of the decade, when research converged on a well-tested standard model, the ΛCDM cosmology.

The convergence was driven by three great observational programs. One is the tight measurement of the redshift-magnitude relation that reveals the departure from the linear low redshift limit. That feat generated a Nobel Prize. Second is the precision measurement of the cosmic microwave radiation anisotropy spectrum. That was a comparably important accomplishment that certainly merits a Nobel Prize. The third, the measurement of the cosmic mean mass density, was the main focus of empirical research in cosmology from the early 1980s through the mid-1990s. Its story is more complicated, and not as well recognized and understood as it ought to be. The three made the case for a cosmology that is hard to resist. I have once again given in to the impulse to write a book. This one, *Cosmology's Century*, describes how these three programs, with other results from brilliant ideas and elegant experiments, along with the wrong turns taken and opportunities missed, got us to a well-tested cosmology (Peebles 2020).

The establishment of cosmology is a considerable extension of the reach of well-tested physical science, and the story is simple enough that it offers a good illustration of the ways of physical science. In par-

세상에서 가장 쉬운 과학 수업 우주팽창이론

ticular, I am impressed by the many examples of Merton's multiples in scientific discovery. I have mentioned examples from the history of cosmology, and this story has quite a few more. We all can think of examples in other branches of physical science. Some multiples may be coincidences, pure and simple. Some may be artifacts of our tendency to present the history of science in a linear fashion that makes unrelated developments appear related. I can imagine some multiples grew out hints communicated by gestures or thoughts not completed that suggest meaning within our shared culture of physical science. It happens in everyday life, why not in science? And I picture the broad general advance of physical science as a spreading wave that touches many and might be expected to trigger any particular idea more than once, apparently independently. As we sometimes say, thoughts may be "in the air." But I must leave a firmer assessment to those better informed about the ways we interact.

Meanwhile, let us not forget the great lesson that the established social constructions of science are buttressed by rich and deep webs of evidence. Surely there is a better more complete cosmology than ΛCDM. But we may be confident that the better theory will predict a universe that is a lot like ΛCDM, with something analogous to its cosmological constant and dark matter, because the universe has been examined from many sides now and found to look a lot like ΛCDM.

I confess to having been unhappy with the Nobel Prize Committee for not recognizing Bob Dicke's deep influence in the development of gravity physics and cosmology. The committee had their reasons, of course; their considerations can be complicated. But I am satisfied now because my Nobel Prize is closure of what Bob set in motion, his great goal of establishing an empirically based gravity physics, by the establishment of the empirically-based relativistic cosmology.

REFERENCES

Davis, M. and Peebles, P. J. E. 1983, *The Astrophysical Journal*, **267**, 465.

DeGrasse, R. W., Hogg, D. C., Ohm, E. A., and Scovil, H. E. D. 1959, *Journal of Applied Physics*, **30**, 2013.

Doroshkevich, A. G., Khlopov, M. I., Sunyaev, R. A., Szalay, A. S., and Zel'dovich, Ya. B. 1981, *Annals of the New York Academy of Sciences* **375**, 32.

Eisenstein, D. J., Zehavi, I., Hogg, D. W., *et al.* 2005, *The Astrophysical Journal*, **633**, 560.

Gamow, G. 1948a, *Physical Review*, **74**, 505.

Gamow, G. 1948b, *Nature*, **162**, 680.

Gamow, G. 1949, *Reviews of Modern Physics*, **21**, 367.

Groth, E. J., and Peebles, P. J. E. 1977, *The Astrophysical Journal*, **217**, 385.

Gush, H. P., Halpern, M., and Wishnow, E. H. 1990, *Phys. Rev. Lett.* **65**, 537.

Hoyle, F., & Tayler, R. J. 1964, *Nature*, **203**, 1108.

Mather, J. C., Cheng, E. S., Eplee, R. E., Jr., et al. 1990, *The Astrophysical Journal*, **354**, L37.

Merton, R. 1961, *Proceedings of the American Philosophical Society*, **105**, 470.

Partridge, R. B. 1980, *Physica Scripta*, **21**, 624.

Peebles, P. J. E. 1965, *The Astrophysical Journal*, **142**, 1317.

Peebles, P. J. 1966, *Phys. Rev. Lett.*, **16**, 410.

Peebles, P. J. E. 1971, *Physical Cosmology*. Princeton: Princeton University Press.

Peebles, P. J. E. 1980, *The Large-Scale Structure of the Universe*. Princeton: Princeton University Press.

Peebles, P. J. E. 1981, *The Astrophysical Journal*, **248**, 885.

Peebles, P. J. E. 1982, *The Astrophysical Journal*, **263**, L1.

Peebles, P. J. E. 1984, *The Astrophysical Journal*, **284**, 439.

Peebles, P. J. E. 1993, *Principles of Physical Cosmology*. Princeton: Princeton University Press.

Peebles, P. J. E. 2014, *European Physical Journal H*, **39**, 205.

Peebles, P. J. E. 2020, *Cosmology's Century*. Princeton: Princeton University Press.

Peebles, P. J. E. and Yu, J. T. 1970, *The Astrophysical Journal*, **162**, 815.

Sachs, R. K., and Wolfe, A. M. 1967, *The Astrophysical Journal*, **147**, 73.

Shanks, T. 1985, *Vistas in Astronomy*, **28**, 595.

Silk, J. 1967, *Nature*, **215**, 1155.

Smirnov, Y. N. 1964, *Astronomicheskii Zhurnal* **41**, 1084; English translation in *Soviet Astronomy* **8**, 864, 1965.

Tayler, R. J. 1990, *Quarterly Journal of the Royal Astronomical Society*, **31**, 371.

Turner, M. S., Steigman, G., and Krauss, L. M. 1984, *Phys. Rev. Lett.*, **52**, 2090.

Wagoner, R. V., Fowler, W. A., and Hoyle, F. 1967, *The Astrophysical Journal*, **148**, 3.

Weinberg, S. 1972, *Gravitation and Cosmology: Principles and Applications of the General Theory of Relativity*. New York: Wiley.

위대한 논문과의 만남을 마무리하며

이 책은 우주팽창에 초점을 맞추었다. 허블의 논문, 프리드만과 르메르트의 우주팽창 방정식과 피블스의 물리 우주론에 대한 연구내용을 다루었다.

우주팽창에 대해 이해하려면 우주의 신비에 도전한 과학자들의 이야기가 필요하다는 생각에 우주와 우주를 이루는 요소들에 대한 발견의 역사를 다루었다. 이 과정을 집필하면서 많은 문헌과 인터넷을 뒤적거리며 시간은 많이 걸렸지만 즐거운 작업이었다.

마지막으로 프리드만과 르메르트 논문의 중요 방정식을 다루어보았다. 이 부분을 이해하려면 이 시리즈의 『일반상대성이론』을 먼저 읽어보아야 한다. 프리드만 방정식을 토대로 피블스의 물리 우주론의 내용 일부를 곁들였다. 우주를 이루는 질량을 가진 물질의 밀도, 질량은 없지만 에너지를 가진 복사선의 밀도와 우주상수 밀도로 표현되는 식으로부터 각 요소가 지배적일 때 현재의 우주로부터 우주가 어떻게 진화할 것인가를 수학적으로 다루어보았다.

이 책의 출판 기획상 수식을 피할 수 없을 때는 고등학교 수학 정도를 아는 사람이라면 이해할 수 있도록 처음 쓴 원고를 고치고 또 고치는 작업을 반복했다. 그렇게 하여 수식을 줄여보려고 했다. 하지만 수식을 좋아하는 사람들이 쉽게 따라갈 수 있도록 친절하게 다루어보았다.

이 책을 쓰기 위해 20세기의 많은 논문을 뒤적거렸다. 지금과는 완연히 다른 용어들과 기호들 때문에 많이 힘들었다. 특히 번역이 안 되어 있는 자료들이 많았지만 프랑스 논문에 대해서는 불문과를 졸업한 아내의 도움으로 조금은 이해할 수 있게 되었다.

이 책을 끝내자마자 다시 양자광학에 대한 글라우버의 오리지널 논문을 공부하며, 시리즈를 계속 이어나갈 생각을 하니 즐거움이 앞선다. 저자가 가진 이 즐거움을 일반인들이 공유할 수 있기를 바라며 이제 힘들었지만 재미있었던 우주팽창에 관한 논문들과의 씨름을 여기서 멈추려고 한다.

진주에서 정완상 교수

이 책을 위해 참고한 논문들

첫 번째 만남

[1] Nicolaus Copernicus, De revolutionibus orbium coelestium (English translation: On the Revolutions of the Heavenly Spheres), Johannes Petreius (Nuremberg) (1543).

두 번째 만남

[1] Tychonis Brahe, 『Astronomiae Instauratae Progymnasmata』, Prague, 1602.

[2] Johannes Kepler, 『Mysterium Cosmographicum』, The Sacred Mystery of the Cosmos, 1596.

[3] Johannes Kepler, 『Astronomia nova』, New Astronomy, 1609.

[4] Johannes Kepler, 『Harmonice Mundi』, The Harmony of the World, 1619.

세 번째 만남

[1] Gregory, D.(1715), 『The Elements of Astronomy, Physical and Geometrical』, John Morphew.

[2] Johann Elert Bode , 『Anleitung zur Kenntniss des gestirnten Himmels』, 1768.

네 번째 만남

[1] Einstein, Albert(1915), "Die Feldgleichungen der Gravitation", Sitzungsberichte der Preussischen Akademie der Wissenschaften zu Berlin.

[2] A. Einstein(1915), "Erklärung der Perihelbewegung des Merkur aus der allgemeinen Relativitätstheorie", Königlich Preuüische Akademie der Wissenschaften (Berlin). Sitzungsberichte.

[3] Einstein, Albert(1916), "The Foundation of the General Theory of Relativity". Annalen der Physik. 354 (7).

[4] Einstein, Albert(1917), "Kosmologische Betrachtungen zur allgemeinen Relativitätstheorie" [Cosmological considerations on the general theory of relativity], Sitzungs. König. Preuss. Akad.

[5] Friedman, A(1922), "Über die Krümmung des Raumes", Z. Phys. (in German). 10 (1).

[6] Georges Lemaître(1927), Un univers homogène de masse constante et de rayon croissant rendant compte de la vitesse radiale des nébuleuses extra-galactiques, in Annales de la société scientifique de Bruxelles, volume 47A, 1927.

다섯 번째 만남

[1] Einstein, Albert(1916), "The Foundation of the General Theory of Relativity", Annalen der Physik. 354 (7).

[2] Georges Lemaître(1927), Un univers homogène de masse constante et de rayon croissant rendant compte de la vitesse radiale des nébuleuses extra-galactiques, in Annales de la société scientifique de Bruxelles, volume 47A, 1927.

[3] Peebles, P. J. E.(1966), "Primordial Helium Abundance and the Primordial Fireball", Phys. Rev. Lett., 16 (10).

수식에 사용하는 그리스 문자

대문자	소문자	읽기	대문자	소문자	읽기
A	α	알파(alpha)	N	ν	뉴(nu)
B	β	베타(beta)	Ξ	ξ	크시(xi)
Γ	γ	감마(gamma)	O	o	오미크론(omicron)
Δ	δ	델타(delta)	Π	π	파이(pi)
E	ε	엡실론(epsilon)	P	ρ	로(rho)
Z	ζ	제타(zeta)	Σ	σ	시그마(sigma)
H	η	에타(eta)	T	τ	타우(tau)
Θ	θ	세타(theta)	Y	υ	입실론(upsilon)
I	ι	요타(iota)	Φ	φ	피(phi)
K	$\varkappa$	카파(kappa)	X	χ	키(chi)
Λ	λ	람다(lambda)	Ψ	ψ	프시(psi)
M	μ	뮤(mu)	Ω	ω	오메가(omega)

세상에서 가장 쉬운 과학 수업 우주팽창이론

노벨 물리학상 수상자들을 소개합니다

이 책에 언급된 노벨상 수상자는 이름 앞에 ★로 표시하였습니다.

연도	수상자	수상 이유
1901	빌헬름 콘라트 뢴트겐	그의 이름을 딴 놀라운 광선의 발견으로 그가 제공한 특별한 공헌을 인정하여
1902	헨드릭 안톤 로런츠 피터르 제이만	복사 현상에 대한 자기의 영향에 대한 연구를 통해 그들이 제공한 탁월한 공헌을 인정하여
1903	앙투안 앙리 베크렐	자발 방사능 발견으로 그가 제공한 탁월한 공로를 인정하여
1903	피에르 퀴리 마리 퀴리	앙리 베크렐 교수가 발견한 방사선 현상에 대한 공동 연구를 통해 그들이 제공한 탁월한 공헌을 인정하여
1904	존 윌리엄 스트럿 레일리	가장 중요한 기체의 밀도에 대한 조사와 이러한 연구와 관련하여 아르곤을 발견한 공로
1905	필리프 레나르트	음극선에 대한 연구
1906	조지프 존 톰슨	기체에 의한 전기 전도에 대한 이론적이고 실험적인 연구의 큰 장점을 인정하여
1907	앨버트 에이브러햄 마이컬슨	광학 정밀 기기와 그 도움으로 수행된 분광 및 도량형 조사
1908	가브리엘 리프만	간섭 현상을 기반으로 사진적으로 색상을 재현하는 방법
1909	굴리엘모 마르코니 카를 페르디난트 브라운	무선 전신 발전에 기여한 공로를 인정받아
1910	요하네스 디데릭 판데르발스	기체와 액체의 상태 방정식에 관한 연구
1911	빌헬름 빈	열복사 법칙에 관한 발견
1912	닐스 구스타프 달렌	등대와 부표를 밝히기 위해 가스 어큐뮬레이터와 함께 사용하기 위한 자동 조절기 발명

연도	수상자	업적
1913	헤이커 카메를링 오너스	특히 액체 헬륨 생산으로 이어진 저온에서의 물질 특성에 대한 연구
1914	막스 폰 라우에	결정에 의한 X선 회절 발견
1915	윌리엄 헨리 브래그 윌리엄 로런스 브래그	X선을 이용한 결정구조 분석에 기여한 공로
1916	수상자 없음	
1917	찰스 글러버 바클라	원소의 특징적인 뢴트겐 복사 발견
1918	막스 플랑크	에너지 양자 발견으로 물리학 발전에 기여한 공로 인정
1919	요하네스 슈타르크	커낼선의 도플러 효과와 전기장에서 분광선의 분할 발견
1920	샤를 에두아르 기욤	니켈강 합금의 이상 현상을 발견하여 물리학의 정밀 측정에 기여한 공로를 인정하여
1921	알베르트 아인슈타인	이론 물리학에 대한 공로, 특히 광전효과 법칙 발견
1922	닐스 보어	원자 구조와 원자에서 방출되는 방사선 연구에 기여
1923	로버트 앤드루스 밀리컨	전기의 기본 전하와 광전효과에 관한 연구
1924	칼 만네 예오리 시그반	X선 분광학 분야에서의 발견과 연구
1925	제임스 프랑크 구스타프 헤르츠	전자가 원자에 미치는 영향을 지배하는 법칙 발견
1926	장 바티스트 페랭	물질의 불연속 구조에 관한 연구, 특히 침전 평형 발견
1927	아서 콤프턴	그의 이름을 딴 효과 발견
1927	찰스 톰슨 리스 윌슨	수증기 응축을 통해 전하를 띤 입자의 경로를 볼 수 있게 만든 방법
1928	오언 윌런스 리처드슨	열전자 현상에 관한 연구, 특히 그의 이름을 딴 법칙 발견
1929	루이 드브로이	전자의 파동성 발견
1930	찬드라세카라 벵카타 라만	빛의 산란에 관한 연구와 그의 이름을 딴 효과 발견
1931	수상자 없음	

1932	베르너 하이젠베르크	수소의 동소체 형태 발견으로 이어진 양자역학의 창시
1933	에르빈 슈뢰딩거	원자 이론의 새로운 생산적 형태 발견
	폴 디랙	
1934	수상자 없음	
1935	제임스 채드윅	중성자 발견
1936	빅토르 프란츠 헤스	우주 방사선 발견
	칼 데이비드 앤더슨	양전자 발견
1937	클린턴 조지프 데이비슨	결정에 의한 전자의 회절에 대한 실험적 발견
	조지 패짓 톰슨	
1938	엔리코 페르미	중성자 조사에 의해 생성된 새로운 방사성 원소의 존재에 대한 시연 및 이와 관련된 느린중성자에 의한 핵반응 발견
1939	어니스트 로런스	사이클로트론의 발명과 개발, 특히 인공 방사성 원소와 관련하여 얻은 결과
1940	수상자 없음	
1941		
1942		
1943	오토 슈테른	분자선 방법 개발 및 양성자의 자기 모멘트 발견에 기여
1944	이지도어 아이작 라비	원자핵의 자기적 특성을 기록하기 위한 공명 방법
1945	볼프강 파울리	파울리 원리라고도 불리는 배제 원리의 발견
1946	퍼시 윌리엄스 브리지먼	초고압을 발생시키는 장치의 발명과 고압 물리학 분야에서 그가 이룬 발견에 대해
1947	에드워드 빅터 애플턴	대기권 상층부의 물리학 연구, 특히 이른바 애플턴층의 발견
1948	패트릭 메이너드 스튜어트 블래킷	윌슨 구름상자 방법의 개발과 핵물리학 및 우주 방사선 분야에서의 발견
1949	유카와 히데키	핵력에 관한 이론적 연구를 바탕으로 중간자 존재 예측

1950	세실 프랭크 파월	핵 과정을 연구하는 사진 방법의 개발과 이 방법으로 만들어진 중간자에 관한 발견
1951	존 더글러스 콕크로프트	인위적으로 가속된 원자 입자에 의한 원자핵 변환에 대한 선구자적 연구
	어니스트 토머스 신턴 월턴	
1952	펠릭스 블로흐	핵자기 정밀 측정을 위한 새로운 방법 개발 및 이와 관련된 발견
	에드워드 밀스 퍼셀	
1953	프리츠 제르니커	위상차 방법 시연, 특히 위상차 현미경 발명
1954	막스 보른	양자역학의 기초 연구, 특히 파동함수의 통계적 해석
	발터 보테	우연의 일치 방법과 그 방법으로 이루어진 그의 발견
1955	윌리스 유진 램	수소 스펙트럼의 미세 구조에 관한 발견
	폴리카프 쿠시	전자의 자기 모멘트를 정밀하게 측정한 공로
1956	윌리엄 브래드퍼드 쇼클리	반도체 연구 및 트랜지스터 효과 발견
	존 바딘	
	월터 하우저 브래튼	
1957	양전닝	소립자에 관한 중요한 발견으로 이어진 소위 패리티 법칙에 대한 철저한 조사
	리정다오	
1958	파벨 알렉세예비치 체렌코프	체렌코프 효과의 발견과 해석
	일리야 프란크	
	이고리 탐	
1959	에밀리오 지노 세그레	반양성자 발견
	오언 체임벌린	
1960	도널드 아서 글레이저	거품 상자의 발명
1961	로버트 호프스태터	원자핵의 전자 산란에 대한 선구적인 연구와 핵자 구조에 관한 발견
	루돌프 뫼스바워	감마선의 공명 흡수에 관한 연구와 그의 이름을 딴 효과에 대한 발견

세상에서 가장 쉬운 과학 수업 우주팽창이론

1962	레프 다비도비치 란다우	응집 물질, 특히 액체 헬륨에 대한 선구적인 이론
1963	유진 폴 위그너	원자핵 및 소립자 이론에 대한 공헌, 특히 기본 대칭 원리의 발견 및 적용을 통한 공로
	마리아 괴페르트 메이어	핵 껍질 구조에 관한 발견
	한스 옌센	
1964	니콜라이 바소프	메이저–레이저 원리에 기반한 발진기 및 증폭기의 구성으로 이어진 양자 전자 분야의 기초 작업
	알렉산드르 프로호로프	
	찰스 하드 타운스	
1965	도모나가 신이치로	소립자의 물리학에 심층적인 결과를 가져온 양자전기역학의 근본적인 연구
	줄리언 슈윙거	
	리처드 필립스 파인먼	
1966	알프레드 카스틀레르	원자에서 헤르츠 공명을 연구하기 위한 광학적 방법의 발견 및 개발
1967	한스 알브레히트 베테	핵반응 이론, 특히 별의 에너지 생산에 관한 발견에 기여
1968	루이스 월터 앨버레즈	소립자 물리학에 대한 결정적인 공헌, 특히 수소 기포 챔버 사용 기술 개발과 데이터 분석을 통해 가능해진 다수의 공명 상태 발견
1969	머리 겔만	기본 입자의 분류와 그 상호 작용에 관한 공헌 및 발견
1970	한네스 올로프 예스타 알벤	플라스마 물리학의 다양한 부분에서 유익한 응용을 통해 자기유체역학의 기초 연구 및 발견
	루이 외젠 펠릭스 네엘	고체물리학에서 중요한 응용을 이끈 반강자성 및 강자성에 관한 기초 연구 및 발견
1971	데니스 가보르	홀로그램 방법의 발명 및 개발
1972	존 바딘	일반적으로 BCS 이론이라고 하는 초전도 이론을 공동으로 개발한 공로
	리언 닐 쿠퍼	
	존 로버트 슈리퍼	

연도	수상자	업적
1973	에사키 레오나	반도체와 초전도체의 터널링 현상에 관한 실험적 발견
	이바르 예베르	
	브라이언 데이비드 조지프슨	터널 장벽을 통과하는 초전류 특성, 특히 일반적으로 조지프슨 효과로 알려진 현상에 대한 이론적 예측
1974	마틴 라일	전파 천체물리학의 선구적인 연구: 라일은 특히 개구 합성 기술의 관찰과 발명, 그리고 휴이시는 펄서 발견에 결정적인 역할을 함
	앤터니 휴이시	
1975	오게 닐스 보어	원자핵에서 집단 운동과 입자 운동 사이의 연관성 발견과 이 연관성에 기초한 원자핵 구조 이론 개발
	벤 로위 모텔손	
	제임스 레인워터	
1976	버턴 릭터	새로운 종류의 무거운 기본 입자 발견에 대한 선구적인 작업
	새뮤얼 차오 충 팅	
1977	필립 워런 앤더슨	자기 및 무질서 시스템의 전자 구조에 대한 근본적인 이론적 조사
	네빌 프랜시스 모트	
	존 해즈브룩 밴블렉	
1978	표트르 레오니도비치 카피차	저온 물리학 분야의 기본 발명 및 발견
	★아노 앨런 펜지어스	우주 마이크로파 배경 복사의 발견
	★로버트 우드로 윌슨	
1979	셸던 리 글래쇼	특히 약한 중성 전류의 예측을 포함하여 기본 입자 사이의 통일된 약한 전자기 상호 작용 이론에 대한 공헌
	압두스 살람	
	스티븐 와인버그	
1980	제임스 왓슨 크로닌	중성 K 중간자의 붕괴에서 기본 대칭 원리 위반 발견
	밸 로그즈던 피치	
1981	니콜라스 블룸베르헌	레이저 분광기 개발에 기여
	아서 레너드 숄로	
	카이 만네 뵈리에 시그반	고해상도 전자 분광기 개발에 기여

세상에서 가장 쉬운 과학 수업 우주팽창이론

1982	케네스 게디스 윌슨	상전이와 관련된 임계 현상에 대한 이론
1983	수브라마니안 찬드라세카르	별의 구조와 진화에 중요한 물리적 과정에 대한 이론적 연구
	윌리엄 앨프리드 파울러	우주의 화학 원소 형성에 중요한 핵반응에 대한 이론 및 실험적 연구
1984	카를로 루비아	약한 상호 작용의 커뮤니케이터인 필드 입자 W와 Z의 발견으로 이어진 대규모 프로젝트에 결정적인 기여
	시몬 판데르 메이르	
1985	클라우스 폰 클리칭	양자화된 홀 효과의 발견
1986	에른스트 루스카	전자 광학의 기초 작업과 최초의 전자 현미경 설계
	게르트 비니히	스캐닝 터널링 현미경 설계
	하인리히 로러	
1987	요하네스 게오르크 베드노르츠	세라믹 재료의 초전도성 발견에서 중요한 돌파구
	카를 알렉산더 뮐러	
1988	리언 레더먼	뉴트리노 빔 방법과 뮤온 중성미자 발견을 통한 경입자의 이중 구조 증명
	멜빈 슈워츠	
	잭 스타인버거	
1989	노먼 포스터 램지	분리된 진동 필드 방법의 발명과 수소 메이저 및 기타 원자시계에서의 사용
	한스 게오르크 데멜트	이온 트랩 기술 개발
	볼프강 파울	
1990	제롬 프리드먼	입자 물리학에서 쿼크 모델 개발에 매우 중요한 역할을 한 양성자 및 구속된 중성자에 대한 전자의 심층 비탄성 산란에 관한 선구적인 연구
	헨리 웨이 켄들	
	리처드 테일러	
1991	피에르질 드 젠	간단한 시스템에서 질서 현상을 연구하기 위해 개발된 방법을 보다 복잡한 형태의 물질, 특히 액정과 고분자로 일반화할 수 있음을 발견

1992	조르주 샤르파크	입자 탐지기, 특히 다중 와이어 비례 챔버의 발명 및 개발
1993	러셀 헐스	새로운 유형의 펄서 발견, 중력 연구의 새로운 가능성을 연 발견
	조지프 테일러	
1994	버트럼 브록하우스	중성자 분광기 개발
	클리퍼드 셜	중성자 회절 기술 개발
1995	마틴 펄	타우 렙톤의 발견
	프레더릭 라이너스	중성미자 검출
1996	데이비드 리	헬륨—3의 초유동성 발견
	더글러스 오셔로프	
	로버트 리처드슨	
1997	스티븐 추	레이저 광으로 원자를 냉각하고 가두는 방법 개발
	클로드 코엔타누지	
	윌리엄 필립스	
1998	로버트 로플린	부분적으로 전하를 띤 새로운 형태의 양자 유체 발견
	호르스트 슈퇴르머	
	대니얼 추이	
1999	헤라르뒤스 엇호프트	물리학에서 전기약력 상호작용의 양자 구조 규명
	마르티뉘스 펠트만	
2000	조레스 알표로프	정보 통신 기술에 대한 기초 작업(고속 및 광전자 공학에 사용되는 반도체 이종 구조 개발)
	허버트 크로머	
	잭 킬비	정보 통신 기술에 대한 기초 작업(집적회로 발명에 기여)
2001	에릭 코넬	알칼리 원자의 희석 가스에서 보스—아인슈타인 응축 달성 및 응축 특성에 대한 초기 기초 연구
	칼 위먼	
	볼프강 케테를레	

연도	수상자	업적
2002	레이먼드 데이비스 고시바 마사토시	천체물리학, 특히 우주 중성미자 검출에 대한 선구적인 공헌
	리카르도 자코니	우주 X선 소스의 발견으로 이어진 천체물리학에 대한 선구적인 공헌
2003	알렉세이 아브리코소프 비탈리 긴즈부르크 앤서니 레깃	초전도체 및 초유체 이론에 대한 선구적인 공헌
2004	데이비드 그로스 데이비드 폴리처 프랭크 윌첵	강한 상호작용 이론에서 점근적 자유의 발견
2005	로이 글라우버	광학 일관성의 양자 이론에 기여
	존 홀 테오도어 헨슈	광 주파수 콤 기술을 포함한 레이저 기반 정밀 분광기 개발에 기여
2006	존 매더 조지 스무트	우주 마이크로파 배경 복사의 흑체 형태와 이방성 발견
2007	알베르 페르 페터 그륀베르크	자이언트 자기 저항의 발견
2008	난부 요이치로	아원자 물리학에서 자발적인 대칭 깨짐 메커니즘 발견
	고바야시 마코토 마스카와 도시히데	자연계에 적어도 세 종류의 쿼크가 존재함을 예측하는 깨진 대칭의 기원 발견
2009	찰스 가오	광 통신을 위한 섬유의 빛 전송에 관한 획기적인 업적
	윌러드 보일 조지 엘우드 스미스	영상 반도체 회로(CCD 센서)의 발명
2010	안드레 가임 콘스탄틴 노보셀로프	2차원 물질 그래핀에 관한 획기적인 실험

2011	솔 펄머터	원거리 초신성 관측을 통한 우주 가속 팽창 발견
	브라이언 슈밋	
	애덤 리스	
2012	세르주 아로슈	개별 양자 시스템의 측정 및 조작을 가능하게 하는 획기적인 실험 방법
	데이비드 와인랜드	
2013	프랑수아 앙글레르	아원자 입자의 질량 기원에 대한 이해에 기여하고 최근 CERN의 대형 하드론 충돌기에서 ATLAS 및 CMS 실험을 통해 예측된 기본 입자의 발견을 통해 확인된 메커니즘의 이론적 발견
	피터 힉스	
2014	아카사키 이사무	밝고 에너지 절약형 백색 광원을 가능하게 한 효율적인 청색 발광 다이오드의 발명
	아마노 히로시	
	나카무라 슈지	
2015	가지타 다카아키	중성미자가 질량을 가지고 있음을 보여주는 중성미자 진동 발견
	아서 맥도널드	
2016	데이비드 사울레스	위상학적 상전이와 물질의 위상학적 위상에 대한 이론적 발견
	덩컨 홀데인	
	마이클 코스털리츠	
2017	라이너 바이스	LIGO 탐지기와 중력파 관찰에 결정적인 기여
	킵 손	
	배리 배리시	
2018	아서 애슈킨	레이저 물리학 분야의 획기적인 발명(광학 핀셋과 생물학적 시스템에 대한 응용)
	제라르 무루	레이저 물리학 분야의 획기적인 발명(고강도 초단파 광 펄스 생성 방법)
	도나 스트리클런드	
2019	★제임스 피블스	우주의 진화와 우주에서 지구의 위치에 대한 이해에 기여(물리 우주론의 이론적 발견)
	미셸 마요르	우주의 진화와 우주에서 지구의 위치에 대한 이해에 기여(태양형 항성 주위를 공전하는 외계 행성 발견)
	디디에 쿠엘로	

세상에서 가장 쉬운 과학 수업 우주팽창이론

2020	로저 펜로즈	블랙홀 형성이 일반 상대성 이론의 확고한 예측이라는 발견
	라인하르트 겐첼	우리 은하의 중심에 있는 초거대 밀도 물체 발견
	앤드리아 게즈	
2021	마나베 슈쿠로	복잡한 시스템에 대한 이해에 획기적인 기여(지구 기후의 물리적 모델링, 가변성을 정량화하고 지구 온난화를 안정적으로 예측)
	클라우스 하셀만	
	조르조 파리시	복잡한 시스템에 대한 이해에 획기적인 기여 (원자에서 행성 규모에 이르는 물리적 시스템의 무질서와 요동의 상호작용 발견)
2022	알랭 아스페	얽힌 광자를 사용한 실험, 벨 불평등 위반 규명 및 양자 정보 과학 개척
	존 클라우저	
	안톤 차일링거	
2023	피에르 아고스티니	물질의 전자 역학 연구를 위해 아토초(100경분의 1초) 빛 펄스를 생성하는 실험 방법 고안
	페렌츠 크러우스	
	안 륄리에	
2024	존 홉필드	인공신경망을 이용해 머신러닝을 가능하게 하는 기초적인 발견과 발명
	제프리 힌턴